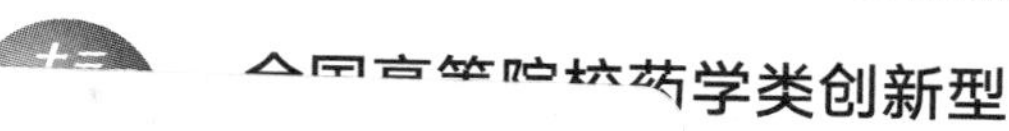

供药学、药物制……销及相关专业使用

无机化学实验

主　编　李文戈　陈莲惠

副主编　姚惠琴　周　芳　袁泽利　李佳佳

编　者　（按姓氏笔画排序）

宁军霞　长治医学院

向广艳　遵义医科大学

李文戈　蚌埠医学院

李佳佳　陕西中医药大学

张　倩　山东第一医科大学

陈莲惠　川北医学院

周　芳　黄河科技学院

胡密霞　内蒙古医科大学

姚惠琴　宁夏医科大学

袁泽利　遵义医科大学

衷友泉　江西中医药大学

黄　蓉　陆军军医大学

焦　雪　遵义医科大学

華中科技大學出版社

http://www.hustp.com

中国·武汉

内容简介

本书是全国高等院校药学类创新型系列“十三五”规划教材。

本书共分为两个部分。第一部分介绍无机化学实验基本知识与基本操作及仪器介绍。第二部分具体介绍了无机化学实验，共包括 29 个实验。书后附录部分收录了常见弱酸、弱碱的标准解离常数、常见难溶化合物的溶度积常数、常见酸碱指示剂等 5 项内容。

本书可供药学、检验、生物医药类及相关专业使用。

图书在版编目(CIP)数据

无机化学实验/李文戈，陈莲惠主编. —武汉：华中科技大学出版社，2019.8(2024.7 重印)
全国高等院校药学类创新型系列“十三五”规划教材
ISBN 978-7-5680-5525-3

Ⅰ.①无…　Ⅱ.①李…　②陈…　Ⅲ.①无机化学-化学实验-高等学校-教材　Ⅳ.①O61-33

中国版本图书馆 CIP 数据核字(2019)第 176896 号

无机化学实验　　李文戈　陈莲惠　主编
Wuji Huaxue Shiyan

策划编辑：汪婷美
责任编辑：曾奇峰　汪婷美
封面设计：原色设计
责任校对：曾　婷
责任监印：周治超
出版发行：华中科技大学出版社(中国・武汉)　电话：(027)81321913
武汉市东湖新技术开发区华工科技园　邮编：430223
录　排：华中科技大学惠友文印中心
印　刷：武汉市洪林印务有限公司
开　本：880mm×1230mm　1/16
印　张：11.5
字　数：236 千字
版　次：2024 年 7 月第 1 版第 4 次印刷
定　价：32.00 元

全国高等院校药学类创新型系列“十三五”规划教材
编委会

网络增值服务使用说明

欢迎使用华中科技大学出版社医学资源服务网yixue.hustp.com

1.教师使用流程

（1）登录网址：http://yixue.hustp.com（注册时请选择教师用户）

注册 → 登录 → 完善个人信息 → 等待审核

（2）审核通过后，您可以在网站使用以下功能：

2.学员使用流程

建议学员在PC端完成注册、登录、完善个人信息的操作。

（1） PC端学员操作步骤

①登录网址：http://yixue.hustp.com（注册时请选择普通用户）

注册 → 登录 → 完善个人信息

② 查看课程资源

如有学习码，请在个人中心-学习码验证中先验证，再进行操作。

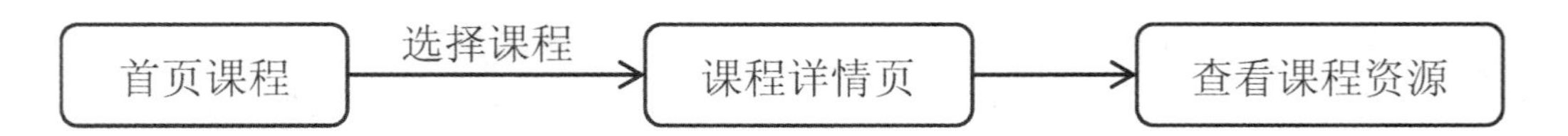

（2） 手机端扫码操作步骤

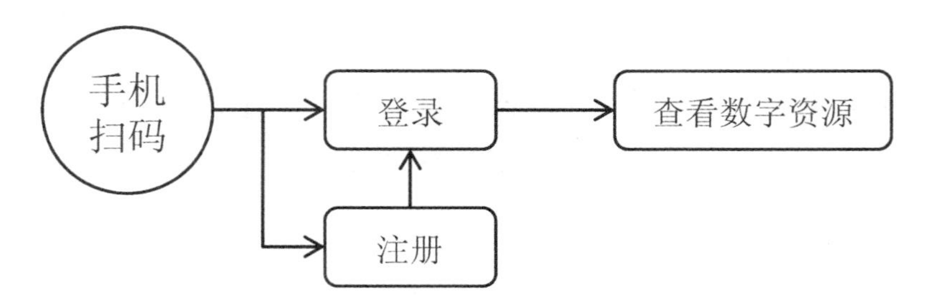

总序

Zongxu

教育部《关于加快建设高水平本科教育 全面提高人才培养能力的意见》("新时代高教40条")文件强调要深化教学改革,坚持以学生发展为中心,通过教学改革促进学习革命,构建线上线下相结合的教学模式,对我国高等药学教育和药学专业人才的培养提出了更高的目标和要求。我国高等药学类专业教育进入了一个新的时期,对教学、产业、技术融合发展的要求越来越高,强调进一步推动人才培养,实现面向世界、面向未来的创新型人才培养。

为了更好地适应新形势下人才培养的需求,按照中共中央、国务院《中国教育现代化2035》《中医药发展战略规划纲要(2016—2030年)》以及党的十九大报告等文件精神要求,进一步出版高质量教材,加强教材建设,充分发挥教材在提高人才培养质量中的基础性作用,培养合格的药学专业人才和具有可持续发展能力的高素质技能型复合人才。在充分调研和分析论证的基础上,我们组织了全国70余所高等医药院校的近300位老师编写了这套全国高等院校药学类创新型系列"十三五"规划教材,并得到了参编院校的大力支持。

本套教材充分反映了各院校的教学改革成果和研究成果,教材编写体例和内容均有所创新,在编写过程中重点突出以下特点。

(1)服务教学,明确学习目标,标识内容重难点。进一步熟悉教材相关专业培养目标和人才规格,明晰课程教学目标及要求,规避教与学中无法抓住重要知识点的弊端。

(2)案例引导,强调理论与实际相结合,增强学生自主学习和深入思考的能力。进一步了解本课程学习领域的典型工作任务,科学设置章节,实现案例引导,增强自主学习和深入思考的能力。

(3)强调实用,适应就业、执业药师资格考试以及考研的需求。进一步转变教育观念,在教学内容上追求与时俱进,理论和实践紧密结合。

(4)纸数融合,激发兴趣,提高学习效率。建立"互联网+"思维的教材编写理念,构建信息量丰富、学习手段灵活、学习方式多元的立体化教材,通过纸数融合提高学生个性化学习和课堂的利用率。

(5)定位准确,与时俱进。与国际接轨,紧跟药学类专业人才培养,体现当代教育。

(6) 版式精美,品质优良。

本套教材得到了专家和领导的大力支持与高度关注,适应当下药学专业学生的文化基础和学习特点,并努力提高教材的趣味性、可读性和简约性。我们衷心希望这套教材能在相关课程的教学中发挥积极作用,并得到读者的青睐;我们也相信这套教材在使用过程中,通过教学实践的检验和实际问题的解决,能不断得到改进、完善和提高。

全国高等院校药学类创新型系列"十三五"规划教材
编写委员会

前言

Qianyan

无机化学实验是无机化学课程的重要组成部分，也是学生学习无机化学的重要环节。通过实验训练使学生巩固并加深对无机化学基本概念和基本理论的理解，掌握无机化学实验的基本操作和技能，掌握无机化学常用仪器的正确使用方法，掌握一些无机物的制备、提纯和检验方法；培养学生独立思考、分析问题和解决问题的能力，增强学生的创新意识和创新能力，为后继专业课程及其他相关专业课程的学习打下良好的实验基础。

目前国内出版的无机化学实验教材已有众多版本，很多教材内容丰富、水平很高，但这些教材大多供综合性大学化学类或近化学类专业所用，尤其缺乏数字资源内容。为了满足高等院校药学专业、检验专业及生物医药类专业对无机化学实验教学的新需求，由华中科技大学出版社牵头，组织国内医药院校具有高学历的一线教师编写一本新颖的无机化学实验教材。2018 年 8 月，在武汉召开了《无机化学实验》教材编写会，与会代表对编写大纲和编写细则进行了热烈、认真的讨论，并达成共识，拟定了编写大纲和编写体例。实验内容体现了医药学科实验的特点，内容深浅适宜，满足药学类等专业学生实验教学的需求；论述严谨，语言流畅简洁，层次分明，图文并茂；实验设计循序渐进，体现连贯性、综合性和创新性。

本书精选验证性实验，增加综合性、设计性和研究型创新性实验，注重培养学生基本实验技能和创新能力，实验内容反映了医药学科实验的特点。

本书的编写采用板块结构，有助于教师灵活组织教学内容，内容分为无机化学实验基本知识与基本操作及仪器介绍、无机化学实验和附录。实验内容附有 PPT 和操作微视频，体现了实验内容纸质和数字化的立体整合。参加本次教材编写的教师有蚌埠医学院李文戈，川北医学院陈莲惠，宁夏医科大学姚惠琴，黄河科技学院周芳，遵义医科大学袁泽利，陕西中医药大学李佳佳，江西中医药大学衷友泉，遵义医科大学向广艳，陆军军医大学黄蓉，山东第一医科大学张倩，内蒙古医科大学胡密霞，长治医学院宁军霞，遵义医科大学焦雪。编写期间老师们遇到了许多新的问题和困难，得到了华中科技大学出版社汪婷美编辑的细致协调和耐心指导，数字化资源部分得到了张仕禄、童静、王珊等老师的支持，最终顺利完成书稿。

由于编者水平有限，缺点、错误在所难免，恳请读者批评指正。

编　者

目录

Mulu

第一部分　无机化学实验基本知识与基本操作及仪器介绍

第二部分　无机化学实验

附　　录

·第一部分·

无机化学实验基本知识与基本操作及仪器介绍

第一章　无机化学实验基本知识

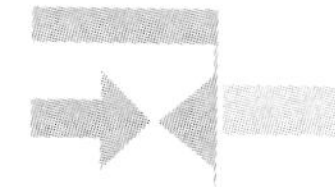

无机化学实验是大学学习阶段的第一门化学实验课程，是学生学习其他化学实验的重要基础。化学实验室是学生进行科学训练的场所，进入实验室应遵守以下规则。

一、实验室规则

(1) 在开展实验前，应认真阅读本章实验相关基础知识。

(2) 实验前必须预习实验内容，明确实验目的与要求，了解基本原理、步骤和方法，熟悉实验过程中的注意事项。

(3) 进入实验室，必须穿实验服，并按分组在指定位置就坐。不准大声喧哗、打闹，不得食用食物，不得乱动实验室化学试剂、仪器等，保持室内安静、整洁。检查所用仪器、器材等是否完好，如有损坏应立即报告指导教师处理。

(4) 认真听授课教师讲解实验目的、原理、步骤及注意事项等实验课程内容。实验过程中，应按照教材和教师的指导认真进行操作，仔细观察实验现象，真实详细记录实验数据或现象，积极思考并分析实验结果。

(5) 未经教师允许，不得随意做其他实验。不得将废纸、废液及破损玻璃、仪器等丢入水槽，应分类倒入废弃物储存装置内。

(6) 使用精密仪器时，必须严格按照操作规程进行操作。如发现仪器有异常，应立即停止使用并报告指导教师。

(7) 注意实验安全，使用危险品时应严格按照规程操作并注意安全防护。

(8) 爱护仪器设备，珍惜药品、材料，小心使用仪器设备，节约水、电。损坏仪器设备应按规定进行赔偿。未经教师允许，室内物品一律不得私自带出室外。

(9) 实验完毕，必须清点仪器并摆放整齐，做好清洁工作。如发现仪器有损坏和缺少要报告教师，经教师许可后才能离开。

(10) 值日学生应做好室内清洁，并关好门、窗、水、电，经教师同意后方可离开。

(11) 实验课后，学生认真撰写实验报告，并及时送交指导教师。

二、实验室安全守则

化学实验室安全包括防火、防爆、防毒、防腐蚀，保证压力窗口和气瓶的安全、电气安全和防止环境污染等。

（一）灼伤、割伤的预防

（1）取用强酸、强碱、浓氨水、浓过氧化氢、氢氟酸和溴水等腐蚀性药品时，应戴上防护眼镜和手套，操作后立即洗手。若瓶子较大应一手托住瓶底，一手握住瓶颈。

（2）稀释硫酸、溶解氢氧化钠或氢氧化钾等大量放热的实验必须在烧杯等耐热容器中进行。

（3）进行高温操作时，需借助试管夹、坩埚钳、烧杯夹等工具，以防烫伤。

（4）切割玻璃管（棒）和将玻璃管、温度计插入橡皮塞时易被割伤，应按规程操作，垫以厚布。向玻璃管上套橡皮管时，应选择合适直径的橡皮管，玻璃管口可用水、肥皂水润湿。将玻璃管插入橡皮塞时，应握住塞子的侧面并用布裹住手。

（二）防火、防爆、防电

（1）实验开始前，应熟知实验室内的灭火和防护器材的使用方法。

（2）燃气灯、燃气管道等要经常检查是否漏气。如果在实验室已闻到燃气的气味，应立即关闭阀门，打开门窗，不要接通任何电器开关（以免发生火花），禁止用火焰在燃气管道上寻找漏气的地方，应该用洗涤剂水溶液或肥皂水来检查是否漏气。

（3）操作、倾倒易燃液体时应远离火源，瓶塞打不开时，切忌用火加热或贸然敲打。倾倒易燃液体时要有防静电措施。

（4）加热易燃溶剂时必须在水浴或电热板上缓慢进行，严禁用火或电炉直接加热。

（5）点燃燃气灯时，必须先关闭风门，点燃火柴，再开燃气，最后调节风量。停用时要先关闭风门。

（6）使用酒精灯时，酒精盛装量应不超过容量的 2/3，当灯内酒精不足 1/4 容量时，应灭火后添加酒精。要熄灭燃着的灯焰时应用灯帽盖灭，不可用嘴吹灭，以防引起灯内酒精起燃。酒精灯应用火柴点燃，不应用另一燃着的酒精灯来点，以防失火。

（7）三硝基苯酚、高氯酸、高氯酸盐、过氧化氢等易爆类药品应放在低温处保存，不得与其他易燃物一起存放。

（8）易发生爆炸的操作，如萃取等不得对着人进行，必要时操作人员应戴面具或使用防护挡板。

（9）身上或手上沾有易燃物时，应立即清洗干净，不得靠近火源，以防着火。

（10）严禁可燃物与氧化剂一起研磨。工作中不要使用成分未知的物质，因为反应时可能形成危险产物（包括易燃、易爆或有毒产物）。在必须进行性质不明的实验时，应先从最小剂量开始，同时要采取安全措施。

（11）易燃液体的废液应转入专用储存器中收集，不得随意倒入下水道，以免引起燃爆事故。

（12）烘箱周围严禁放置任何易燃物及挥发性易燃液体。不得烘烤能释放出易燃蒸气的物质。

NOTE

（13）严禁用手或导电物（如铁丝、钉子、别针等金属制品）接触、探试电源插座内部。严禁用湿手触摸电器，严禁用湿布擦拭电器。

(14) 通电仪器使用完毕应拔掉电源插头；插拔电源插头时不要用力拉拽电线，以防电线的绝缘层受损造成触电；若电线的绝缘皮剥落，要及时更换新线或者用绝缘胶布包好。

(三) 灭火

实验室一旦发生火灾，应沉着冷静并及时采取灭火措施。若局部起火，应立即切断电源，关闭燃气阀门，用湿抹布或石棉布覆盖熄灭。若火势较猛，应根据具体情况，选用适当的灭火器灭火，并立即拨打火警电话，请求救援。

水是最廉价的灭火剂，适用于一般木材、各种纤维及可溶(或半溶)于水的可燃液体着火。砂土的灭火原理是隔绝空气，用于不能用水灭火的着火物。实验室应具备干燥的砂箱。石棉毯(布)或薄毯的灭火原理也是隔绝空气，用于扑灭人身上燃着的火。

(四) 中毒预防

预防中毒的措施主要有以下几点。

(1) 熟悉所使用的仪器、试剂的安全性能，严格执行安全操作。

(2) 改进实验设备与实验方法，尽量采用低毒物品代替高毒物品。

(3) 使用符合要求的通风设施将有害气体排除。

(4) 消除二次污染源，减少有毒蒸气的逸出及有毒物质的洒落、泼溅。

(5) 选用必要的个人防护工具，如眼镜、防护油膏、防毒面具、防护服装等。

(6) 实验室内所有药品与试剂均需有对应的标签。剧毒药品严格遵守双人保管、双人领用与使用制度。发生撒落时，应立即做好回收或解毒处理。

(7) 化学试剂、药品不得入口及以鼻直接接近进行鉴别。如需鉴别，应将试剂瓶口远离鼻，用手轻轻扇动，稍闻即止。

(8) 处理有毒的气体、产生蒸气的药品及有毒溶剂(如氯、溴、硫化物、氮氧化物、汞、砷化物、甲醇、吡啶、苯等)时，必须在通风橱内进行。

三、实验事故的处理

(1) 浓酸、浓碱不小心溅到皮肤上时，应立即用大量水冲洗，再分别用2%碳酸氢钠溶液或2%醋酸擦洗，用水冲洗后，外敷氧化锌软膏(或硼酸软膏)。

(2) 酸溅入眼睛时，应立即用大量水冲洗眼睛，然后用5%的碳酸氢钠溶液冲洗，最后再用清水冲洗。碱液溅入眼睛时，应立即用大量水冲洗，再用饱和硼酸溶液冲洗，最后滴入蓖麻油。当眼睛溅入其他腐蚀性药品时应立即用大量水冲洗，必要时到医院就医。

(3) 不慎吸入溴蒸气、氯气、氯化氢、硫化氢等气体时，应立即到室外做深呼吸，呼吸新鲜空气。

(4) 人体触电时，应立即切断电源。如有休克现象，应对触电者立即进行人工呼

吸，并送到医院抢救。

（5）实验过程中若发生着火，应立即切断电源、移走易燃物质等，防止火势蔓延，并立即灭火。根据起火原因采用相应的灭火方法：一般的小火可用湿布、石棉布覆盖燃烧物灭火；火势较大时，可使用泡沫灭火器；电器设备引起的火灾，用四氯化碳灭火器灭火。实验人员衣服着火时，切勿乱跑，应赶快脱下衣服或者就地卧倒打滚。火势大时，应立即拨打“119”火警电话，讲明发生火灾的单位、地点和火势大小，是否有人被围困、什么物质着火、有无爆炸危险物品等情况。

（6）玻璃割伤时，轻伤可先用酒精消毒伤口周围，再取出伤口内的异物，然后用生理盐水或硼酸溶液擦洗伤处，涂上紫药水，必要时撒些消炎药，用绷带包扎。伤势较重时，可先用酒精在伤口周围清洗消毒，再用纱布按住伤口压迫止血，并立即送往医院。

（7）轻度的烫伤或烧伤，可用药棉浸90%～95%的酒精轻涂伤处，或用3%～5%高锰酸钾溶液擦伤处至皮肤变为棕色，然后涂上烫伤药膏。较严重的烫伤或烧伤，不要弄破水疱，以防感染，要用消毒纱布轻轻包扎伤处，立即送医院治疗。

（8）化学试剂灼伤，应在最短时间内进行冲洗，清洗要干净彻底。冲洗时要立足于现场条件，不必强求用消毒液和药水，可立即用自来水冲洗，必要时到医院就医。

四、实验室废气、废液和废渣的处理

化学实验室产生的废气、废液和废渣俗称“三废”，为防止实验室的污染扩散，污染物的一般处理原则为分类收集、存放，分别集中处理。尽可能采用废物回收以及固化、焚烧处理，在实际工作中选择合适的方法进行检测，尽可能减少废物量、减少污染。

（一）废气

（1）产生毒害性较小的气体的实验，可在通风橱内操作、废气通过排气管道排放到高空大气中稀释。

（2）产生毒害性较大的气体的实验，如二氧化氮（NO_2）、二氧化硫（SO_2）、氯气（Cl_2）等酸性气体，用碱液吸收，通过吸收瓶吸收转化处理后稀释排放。

（二）废液

废酸、废碱采用中和方法处理后，再用水稀释后排入污水管道。

一般盐溶液直接排放，但含有有害离子的盐溶液应进行化学法转化处理后再稀释排放。含有重金属离子的溶液，应采用还原法处理后回收。

（1）含氰化物的废液的处理采用氢氧化钠溶液调至pH值大于10，再加入3%高锰酸钾使CN^-氧化分解。CN^-含量高的废液可用碱性氯化法处理，即先用碱调至pH值大于10，再加入次氯酸钠，使CN^-氧化成氰酸盐，并进一步分解为二氧化碳和氮气。

（2）含汞盐的废液的处理：①硫化物共沉淀法：先将含汞盐的废液调至pH值为

8～10,然后加入过量硫化钠,使其生成硫化汞沉淀,再加入共沉淀剂硫酸亚铁,生成的硫化铁将水中的悬浮物硫化汞微粒吸附而共沉淀,静置后分离,再离心过滤,清液中的含汞量降到低于 0.02 $mg \cdot L^{-1}$方可直接排放。少量残渣可埋于地下,大量残渣用焙烧法回收汞或再制成汞盐。但要注意,一定要在通风橱内进行。②还原法:用铜屑、铁屑、硼氢化钠等作还原剂,可以直接回收金属汞。

(3) 含铬废液量较大的是废铬酸洗液,可用高锰酸钾氧化法使其再生,继续使用。方法:先在 110～130 ℃下不断搅拌加热浓缩,除去水分后,冷却至室温,缓缓加入高锰酸钾粉末,每 1000 mL 中加入 10 g 左右,直至溶液呈深褐色或浅紫色(注意不要加过量),边加边搅拌,然后直接加热至有三氧化铬出现,停止加热。稍冷,通过玻璃砂芯漏斗过滤,除去沉淀,冷却后析出红色三氧化铬沉淀,再加适量硫酸使其溶解即可使用。少量的洗液可加入废碱液或石灰使其生成氢氧化铬沉淀,并将废渣妥善保存或综合利用。

(4) 含砷废液的处理方法:①加入氧化钙,调至 pH 值为 8,生成砷酸钙和亚砷酸钙沉淀。或调至 pH 值大于 10,再加入硫化钠与砷反应生成难溶、低毒的硫化物沉淀。②在含砷废液中加入 $FeCl_3$,使 Fe/As=50,然后用氢氧化钙将废液的 pH 值控制在 8～10。利用新生氢氧化物与砷的化合物共沉淀的吸附作用,除去废液中的砷。放置过夜,分离沉淀,达标后方可排放废液。

(5) 含铅废液的处理采用加入氢氧化钙,调节至 pH 值大于 11,使废液中的铅生成 $Pb(OH)_2$沉淀。然后加入凝聚剂 $Al_2(SO_4)_3$,将 pH 值降至 7～8,则 $Pb(OH)_2$与 $Al(OH)_3$共沉淀,分离沉淀,达标后方可排放废液。

(6) 含镉废液的处理方法:①氢氧化物沉淀法:在含镉的废液中投加氧化钙,调节 pH 值在 10.5 以上,充分搅拌后静置,使 Cd^{2+} 变为难溶的 $Cd(OH)_2$沉淀。加入硫酸亚铁作为共沉淀剂,分离沉淀,用双硫腙分光光度法检测滤液中的 Cd^{2+} 后(降至 0.1 $mg \cdot L^{-1}$以下),将滤液中和至 pH 值约为 7,然后排放。②离子交换法:利用 Cd^{2+} 比水中其他离子与阳离子交换树脂有更强的结合力,优先交换。

(三) 废渣(固体废弃物)

实验中出现的固体废弃物不能随便乱放,以免发生事故。如能放出有毒气体或能自燃的危险废渣不能丢进废品箱内或直接扔弃于废水管道中。必须将其在适当的地方烧掉或用化学方法处理成无害物。碎玻璃和其他有棱角的锐利废料不能丢进废纸篓内,要收集于特殊废品箱内处理。

(1) 对环境无污染、无毒害的固体废弃物按一般垃圾处理。

(2) 易燃烧的固体废弃物应焚烧处理。

(袁泽利 李佳佳)

第二章　无机化学实验基本操作及仪器介绍

扫码看 PPT

第一节　无机化学实验基本操作

一、pH 试纸的使用

1. pH 试纸的分类　pH 试纸分为两类。一类是用来粗略检验溶液 pH 值的广泛 pH 试纸，变化为 1 个 pH 单位，变色范围为 pH 1～14。它集合了甲基红、溴甲酚绿、百里酚蓝三种指示剂，在不同 pH 值的溶液中均会按一定规律变色。另一类是精密 pH 试纸，用于比较精确地检验溶液 pH 值，变化小于 1 个 pH 单位。精密 pH 试纸种类多，可以根据不同的需求进行选用。

2. pH 试纸测溶液酸碱度　检验溶液酸碱度时，试纸不可直接伸入溶液，需放在洁净干燥的表面皿或玻璃片上。用玻璃棒蘸取待测溶液滴于试纸中部，再根据试纸的颜色变化与标准比色卡对比确定溶液的 pH 值。试纸不能测浓硫酸的 pH 值。

3. pH 试纸测气体酸碱度　检验气体酸碱度时，将用蒸馏水润湿的试纸粘在玻璃棒的一端，送到盛有待测气体的容器口附近，观察颜色的变化。注意：试纸不能触及器壁、试管口、瓶口、导管口等。

二、化学试剂的取用

1. 取用原则　取用化学试剂应遵循以下原则。

（1）取用化学试剂前，要先看清标签。取用时，标签朝向手心，将打开的瓶盖倒放在实验台上，瓶塞放在瓶盖内。试剂取用完后应将瓶塞、瓶盖立即盖好，不能将瓶盖、瓶塞搞混，以免污染试剂。

（2）许多化学试剂易燃、易爆、有腐蚀性或有毒性。因此，在取用时一定要严格遵照有关规定，保证安全。不能用手直接接触试剂，不要用鼻子在容器口闻试剂（特别是气体）的气味，不得尝任何试剂的味道。

（3）本着节约试剂的原则，用多少取多少，严格按照实验规定的用量取用试剂。

（4）实验结束后剩余的试剂既不能放回原瓶，也不要随意丢弃，更不能带出实验室，必须放入指定的容器内供他人使用或交由实验老师处理。

2. 固体试剂的取用方法

(1) 用干燥、洁净的药匙取用固体试剂。根据取用量的多少选取大小不同的药匙。用过的药匙必须洗干净擦干后再使用。

(2) 用天平称取一定质量的固体试剂时，可放在干燥洁净的纸或表面皿上，而具有腐蚀性或易潮解的固体试剂应放在玻璃容器内。

(3) 向试管中装入固体粉末时，为避免试剂沾在管口和管壁上，应先使试管倾斜，用盛有试剂的药匙(或用小纸条折叠成的纸槽)小心伸进试管约 2/3 处，如图 1-2-1所示，然后直立试管。若是块状固体可用镊子夹取，将试管倾斜，使其沿管壁缓慢滑到底部，绝不可在管口垂直将块状固体放入，以免碰破管底。

图 1-2-1　向试管中装入固体试剂

3. 液体试剂的取用方法

(1) 取用较多量液体试剂：取液时，右手握住试剂瓶，标签朝向手心，左手拿着容器(如试管、量筒等)，让液体试剂沿着器壁流入容器中，如图 1-2-2 所示。取到用量后，将试剂瓶口在容器上靠一下，再慢慢竖起瓶子，防止残留在瓶口的药液流下来，腐蚀标签。如果不慎倾出过多的液体，应将多余的液体弃去或给他人使用，不得倒回原瓶。将液体试剂从试剂瓶中倒入烧杯时，用右手握试剂瓶，左手拿玻棒，使玻棒的下端斜靠在烧杯内壁上，将瓶口靠在玻棒上，让试剂沿着洁净的玻棒往下流，如图 1-2-3 所示。

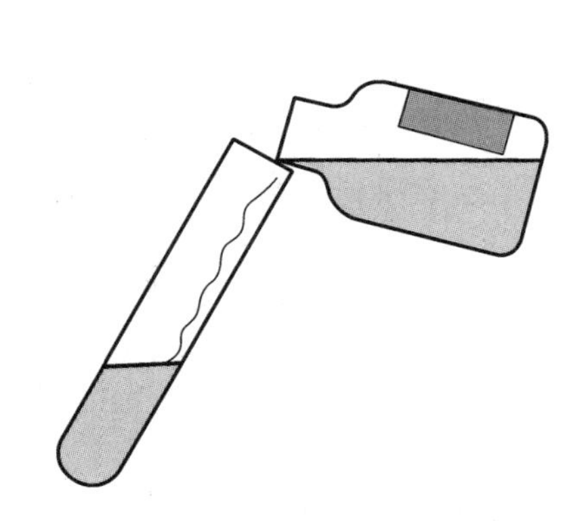

图 1-2-2　向试管中倾倒液体试剂

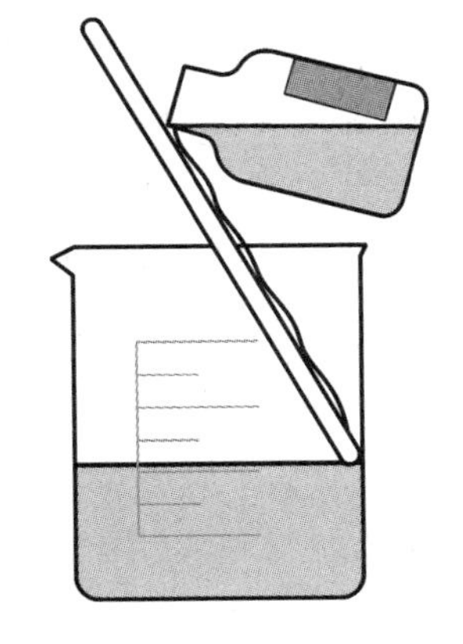

图 1-2-3　向烧杯中倒入液体试剂

(2) 取用较少量液体试剂：取用较少量液体试剂时可用胶头滴管吸取。先用手指紧捏滴管上部的橡皮乳头，赶走其中的空气，再把滴管伸入试剂瓶中，松开手指，吸入试液。用滴管将液体试剂滴入试管中时，应用左手垂直地拿持试管，右手持滴管橡皮乳头将滴管放在试管口的正上方，然后挤捏橡皮乳头，使液体恰好滴入试管中，绝不可将滴管伸入试管内(图 1-2-4)，否则，滴管口易碰上试管壁，并可能沾上其

他液体，若再将此滴管放回试剂瓶中则会污染试剂。若所用的是滴瓶上的滴管，使用后应立即插回原来的滴瓶中。不得把沾有液体试剂的滴管横放或倒置以免试剂流入滴管的乳胶头中，腐蚀胶皮，污染试剂。一般的滴管一次可取 1 mL，约 20 滴试液。

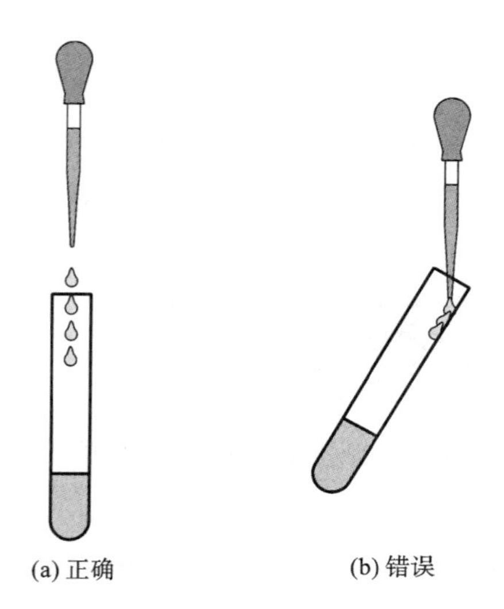

图 1-2-4　向试管中滴加液体

取用浓酸、浓碱等易挥发、腐蚀性试剂时务必注意安全，应在通风橱中操作。如果酸性或碱性液体等洒在桌上应立即用湿布擦去，如果溅入眼睛或沾到皮肤，要立即用大量清水冲洗。如果需要准确地量取液体试剂，可用量筒和移液管等。

三、加热和冷却

温度对化学反应方向及反应速率均有重要的影响，有些反应往往需要在较高温度下才能进行，加热操作是加快反应的有效手段。相反，有些反应如果不及时除去反应所放出的热量，就会使反应难以控制，或是反应产物不稳定、易分解，这时候就需要冷却降温。此外，溶解、蒸发、重结晶等基本操作也要用到加热或冷却操作。因此，加热和冷却是化学实验中常用的操作手段。

1. 常用加热装置　化学实验室中加热常用的器具有酒精灯、酒精喷灯、电炉、电加热套、磁力搅拌加热器、马弗炉等。以下主要介绍学生实验常用的酒精灯、电加热套、马弗炉。

(1) 酒精灯的构造及使用：酒精灯由灯罩、灯芯和灯壶三部分组成。使用时要先加酒精，即应在灯熄灭的情况下牵出灯芯，借助漏斗将酒精注入，最大加入量为灯壶容积的 2/3。必须用火柴点燃，绝对不能用另一个燃着的酒精灯去点燃，以免洒落的酒精引起火灾或烧伤(图 1-2-5)。熄灭时用灯罩盖上即可，不要用嘴吹。片刻后，还应将灯罩再打开一次，以免冷却后盖内因有负压而使以后打开困难。酒精灯提供的温度通常为 400～500 ℃，适用于不需要太高加热温度的实验。

NOTE

(2) 电加热套：电加热套也称电热包，是由玻璃纤维包裹着的电炉丝织成的“碗

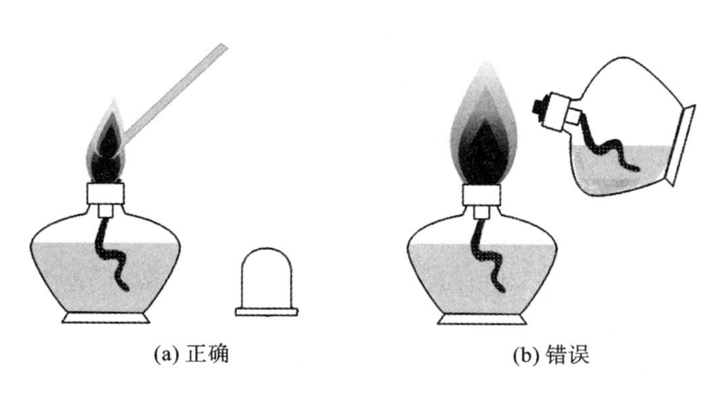

图 1-2-5 酒精灯点燃的方法

状”电加热器，适用于加热圆底容器，可取代油浴、沙浴对圆底容器加热。温度可由温控装置调节，最高可达 400 ℃左右，受热容器应悬置在电加热套的中央，不能接触电加热套的内壁。由于它不是明火，因此具有不易引起火灾的优点，热效率也高。使用时，应注意切勿将液体溅入电加热套内，以防止电加热套腐蚀而损坏。

（3）马弗炉：马弗炉属于高温电炉，主要用于高温灼烧或进行高温反应，由炉体和电炉温度控制器两部分组成，加热元件是电热丝或硅碳棒。用电热丝加热的马弗炉最高使用温度是 950 ℃左右，因为温度过高，电热丝容易断；如果用碳棒加热，最高温度可达 1300 ℃。马弗炉的炉膛为正方形或长方形，是用碳化硅制成的。碳化硅具有传热性好、耐高温而无胀缩碎裂的优点。使用马弗炉时打开炉门就可以放入想要加热的坩埚或其他耐高温容器。在马弗炉内不允许加热液体或其他易挥发的腐蚀性物质。如果要灰化滤纸或有机物成分，在加热过程中应打开几次炉门通空气进去。

（4）使用注意事项。

①将调节温度控制器的螺丝控制定温指示针指示在所需温度处，打开电源开关升温，当温度升至所需温度时即能恒温。

②马弗炉应放置于不易燃的台面上，切勿放于木质桌面上，以免过热引起火灾。

③炉膛内应保持清洁，炉周围不要放置易燃物品，也不要放置精密仪器。

④灼烧结束，关闭电源，切记不要立即打开炉门，以免炉膛骤冷碎裂。待温度降至室温时，打开炉门，用坩埚钳取出样品。

2．加热操作

（1）直接加热：对于在较高温度下不易分解、不易燃烧的液体和固体可以采用直接加热的方式。直接加热就是将盛放被加热物的器皿直接放在热源上进行加热。

实验室中不能直接受热的玻璃器皿有抽滤瓶、比色管、离心管、表面皿及一些量具（如量筒、容量瓶等）。明火直接加热时要辅以石棉网的有烧杯、烧瓶、锥形瓶等。可直接在明火上加热的器皿有蒸发皿、坩埚、试管等，它们可耐受较高的温度。玻璃器皿和陶瓷器皿都不能骤热或骤冷，在加热前，必须将器皿外壁的水擦干，加热后不能立即与潮湿的物体接触，否则会使器皿破裂。如果加热有沉淀的溶液，应不断搅

拌(搅棒不应碰撞器壁),防止沉淀受热不均而溅出。

①液体的直接加热:少量液体可以在试管中加热,液体量不超过试管容量的1/3。加热试管中的液体时,用试管夹夹持试管的中上部,试管应稍微倾斜,管口向上,以免烧坏试管夹,如图1-2-6所示。为使试管及液体均匀受热,先上下移动试管,再加热液体的中上部,然后慢慢往下移动,再不时地上下移动,使管壁受热均匀。不要将试管口对着别人或自己,以免溶液溅出时将人烫伤。加热后试管不要马上放在过冷或者潮湿的地方,以免试管炸裂。

需要加热的液体较多时,可以选择烧杯、烧瓶。加热时,需将容器放在石棉网上,如图1-2-7所示,否则容易因受热不均而破裂。用烧杯和锥形瓶时,所加液体量一般不超过其容量的一半,过多容易造成喷溅;用烧瓶时则不能超过1/3,且加热时需要放几粒沸石。

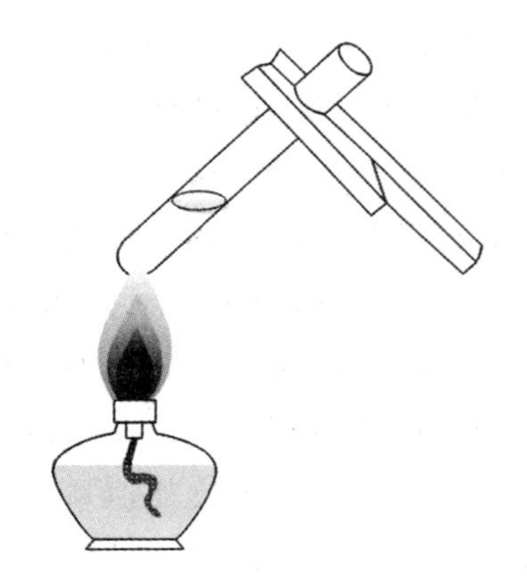

图1-2-6 试管加热液体示意图

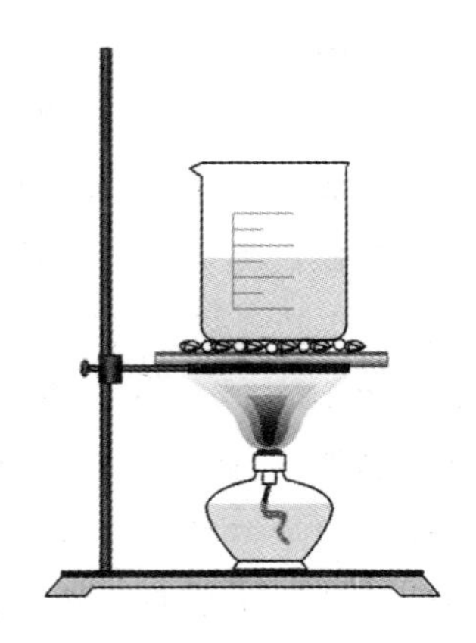

图1-2-7 烧杯加热液体示意图

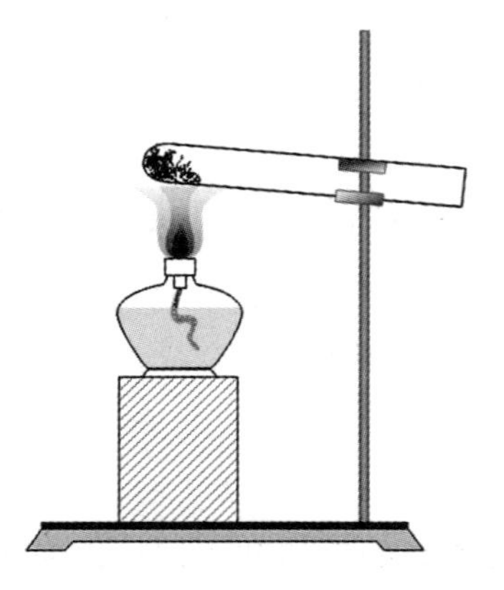

图1-2-8 加热试管中的固体

将液体浓缩蒸发宜在蒸发皿中进行。蒸发皿可置于铁圈或泥三角上直接加热。蒸发皿口宽底浅,受热面积大,蒸发速度快。每次蒸发溶液的量不能超过蒸发皿容积的2/3,应根据溶液的量选择大小适当的蒸发皿。加热过程中应不断搅拌,中途可以继续往蒸发皿中添加待蒸发的溶液。

②固体的直接加热:少量固体可在试管中加热,试管可用试管夹夹持或用铁夹固定起来加热,加热时必须使试管口稍微向下倾斜(图1-2-8),以免凝结在试管壁上的水珠流到热的管底,而使试管炸裂。开始加热时,先移动酒精灯预热试管,再固定加热固体。

加热较多固体且加热温度不需太高时,可以用蒸发皿进行加热。加热过程中应不断搅拌,防止固体因受热不均而四处飞溅。

加热固体物质到高温以达到脱水、分解、除去挥发性杂质等目的的操作称为灼烧。灼烧时可将固体放在坩埚等耐高温的容器中,用马弗炉或氧化焰进行加热。停止加热后等坩埚稍冷，再用预热过的干净坩埚钳转移至干燥器内冷却，避免在冷却过程中吸收空气中的水分。坩埚钳使用后，应使尖端朝上放在桌上，以保证坩埚钳尖端洁净。

（2）间接加热：间接加热是先用某些热源将某些介质加热，介质再将热量传递给被加热物，可达到严格控制温度在一定范围内且均匀受热的目的。可根据所需要的温度范围选用水浴、油浴、沙浴等进行加热。

①水浴：水浴加热适用于温度不能超过 100 ℃的加热，一般可用恒温水浴锅在设定的温度下进行加热。若把水浴锅中的水煮沸，用水蒸气加热即成蒸气浴。锅上面有配套大小不等的同心圆圈盖子以承受各种器皿，根据要加热的容器大小去掉部分圆环，原则是尽可能增大容器受热面积而又不使容器掉入水浴锅及触到锅底。水浴锅内的水量不超过其容积的 2/3，一般浴面应高于器皿内液面。在加热过程中要随时补充水以保持原体积，切记不能烧干。也可使用烧杯代替水浴锅，做简易水浴。

②油浴：当加热温度在 100～250 ℃时可用油代替水浴中的水，即是油浴。常用的油是有机油、液体石蜡等沸点高、蒸气压低的矿物油。使用过程中要防止油外溢或升温过高，引起失火，发现严重冒烟时应立即停止加热。取出时，在浴液上空悬片刻，待油滴完后用纸或干布擦干。油浴的优点是加热均匀，缺点是易发生着火和烫伤，油蒸气及其分解产物会污染空气，甚至有毒。因此油浴最好加盖，可用石棉板或其他耐热材料做成合适的盖子，减少油蒸气污染空气。加热温度不要超过浴液的最高使用温度，必须在浴液的闪燃点以下，如果油浴开始冒烟，应立即停止加热。已发黑变稠的老油应及时更换，因为它比新油更容易闪燃。

③沙浴：当加热温度在 350 ℃以上时，可使用沙石作为热浴物质，即是沙浴。将干燥的沙石均匀装入铁制器皿中，将加热器皿半埋入沙中进行加热，如图 1-2-9 所示。为了增大受热面积，可将受热器皿埋得深一点。由于沙传热慢而散热快，导致上下层沙子有些温差。若要测量沙浴温度可将温度计插入沙中，但不要触及铁质器皿底部。

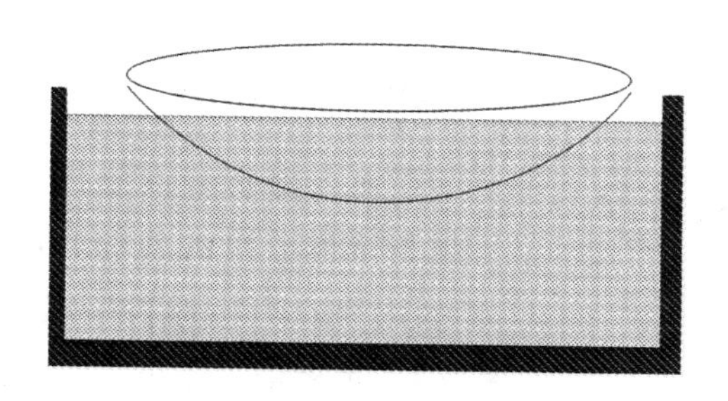

图 1-2-9　沙浴装置

3. 冷却操作　某些化学反应需要在低温条件下进行，有些为放热反应，常产生大量的热，使反应难以控制，并引起易挥发化合物的损失。在化学实验过程中，往往需要采取降温冷却的方法来完成这些化学反应。此外，在化合物的分离提纯过程中，为了降低固体化合物在溶剂中的溶解度，使晶体易于析出，也要用到冷却操作。

实验室常用的冷却方法分为以下几种。

(1) 自然冷却:将待冷却的物质直接放在空气中,冷却至室温,降温速度比较慢。

(2) 冷水冷却:将待冷却的物质直接用流动的自来水冷却(如回流冷凝器),或浸入冷水中冷却,可使被制冷物的温度降到接近室温。

(3) 冰水浴冷却:将待冷却的物质置于冰水混合液中冷却,其温度可降至 0 ℃,搅拌可加速冷却。其效果比单用冰好,因为冰水混合液能与埋入其中的容器外壁密切接触,但水也不能加得太多,否则不足以维持 0 ℃,同时也容易倾翻其中的容器。

(4) 冰盐浴冷却:将待冷却的物质置于加入盐的冰水浴中冷却,其温度可降至 0 ℃以下。所能达到的温度由冰盐的比例和盐的品种决定。常用的制冷剂及其最低制冷温度见表 1-2-1。

(5) 其他冷却方式:将干冰与适当的有机溶剂混合,可以得到更低的温度。液氨和液氮可分别冷却至－33 ℃和－196 ℃。

表 1-2-1 常见的制冷剂及其最低制冷温度

制冷剂	最低温度/℃	制冷剂	最低温度/℃
冰-水	0	干冰＋乙醇	－72
NaCl-碎冰(1∶3)	－23	干冰＋丙酮	－78
NaCl-碎冰(1∶3)	－22	液氨	－33
$CaCl_2 \cdot 6H_2O$-冰(1∶1)	－29	干冰	－78.5
干冰＋二氯乙烯	－60	液氮	－196

在使用液氮时,为防止低温冻伤事故发生,必须戴厚手套和防护眼镜,千万不可直接用手触摸制冷剂。液氨有强烈的刺激作用,应在通风橱中使用。

当测量的低温在－38 ℃以下时,不能使用水银温度计(Hg 的凝固点为－38.87 ℃),应使用低温酒精温度计等。而使用低温冷浴时,为保持制冷剂的效力,冷浴外壁应使用厚泡沫塑料等隔热材料包裹覆盖,干冰和液氮必须用杜瓦瓶盛放。

图 1-2-10 倾析法

四、固液分离

在化合物制备或分析的过程中,经常会遇到固体与液体分离的问题,分离固体和液体常用的方法主要有 3 种:倾析法、过滤法、离心分离法。

1. 倾析法 倾析法主要用于沉淀物质的密度大或其颗粒较大,并且液相溶液不再需要。具体操作:先将溶液静置,待沉淀完全沉降后,把玻棒横放在烧杯嘴,如图 1-2-10 所示,小心地将上层清液沿玻棒倾出,使沉淀与溶液分离。洗涤沉淀时,可往装沉淀的容器内加入少量洗涤液(如蒸馏水),用玻棒充分搅拌后,静置,沉降,倾去洗涤液。如此重复操作 2～3

NOTE

遍，即可将沉淀洗净。

2. 过滤法 过滤法是最常用的分离方法之一。当溶液和沉淀的混合物通过过滤器时，沉淀就留在过滤器上，溶液则通过过滤器进入接收容器中。影响过滤速度的因素包括溶液的温度、黏度，过滤时的压力，过滤器的空隙大小，以及沉淀物的性质和状态等。一般来说，热溶液比冷溶液容易过滤。溶液的黏度越大，越难过滤。减压过滤比常压过滤快。过滤器的孔隙越大，过滤速度越快。胶状沉淀能够穿过一般的过滤器，应先设法将其破坏后再过滤。常用的过滤方法分为常压过滤、减压过滤和热过滤。

(1) 常压过滤：常压过滤通常使用圆锥形带颈漏斗套以滤纸过滤，一般用于对沉淀含水量要求不高或沉淀弃用时。圆形滤纸对折两次后放入漏斗，边缘要低于漏斗上边缘 1 cm，将滤纸展开，手按住三层滤纸一边，尽量往下送，用蒸馏水润湿，使其紧附于漏斗上。将贴有滤纸的漏斗放在漏斗架上，将烧杯放在漏斗下面并使漏斗斜口末端与烧杯壁接触，让滤液顺着杯壁流下，如图 1-2-11 所示。过滤时，使玻棒下端靠近三层滤纸的中间位置，将混合物沿着玻棒缓缓倒入漏斗中，边倾入溶液，玻棒应边逐渐上提，以免玻棒触及液面。漏斗中的液面始终保持不超过滤纸边缘下 1 cm，如超过，应停止倾注溶液，待液面下降后，再继续倾注。滤完后，烧杯不可马上离开玻棒，应将烧杯嘴沿玻棒向上提 1～2 cm 后，慢慢扶正烧杯，然后离开玻棒，这样可使烧杯嘴上的液滴顺玻棒流入漏斗中。沉淀可以在滤纸上进行洗涤，洗涤时应遵照“少量多次”的原则。可先冲洗滤纸上方，然后螺旋向下移动。

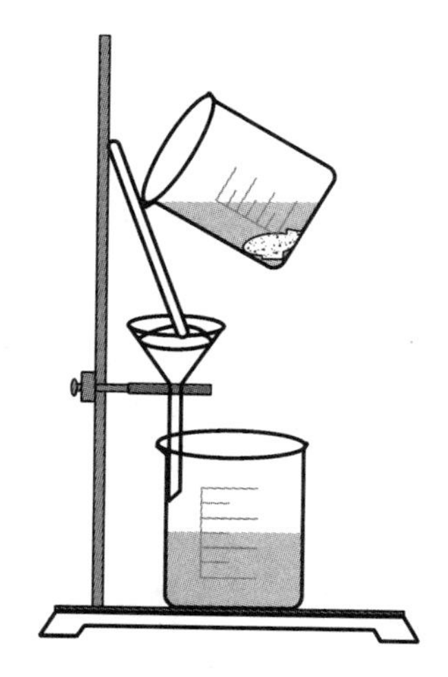

图 1-2-11 常压过滤

(2) 减压过滤：减压过滤又称抽滤或真空过滤，是利用真空水泵抽气使漏斗两边产生压力差的过滤方法。其具有过滤速度快，沉淀含水少，损失少等优点。当过滤较大量的液体且其中的沉淀颗粒较大时，常采用减压过滤，仪器装置见图 1-2-12。

布氏漏斗：瓷质平底漏斗，平底上面有很多小孔。漏斗颈部套有橡皮塞，与吸滤瓶相连时起密封作用。

抽滤瓶：用以承接滤液，侧管用较耐压的橡皮管与抽气系统相连。

安全瓶：起缓冲作用，防止因关闭水阀或水泵内流速的改变引起水倒吸而将瓶内滤液冲稀弄脏。

减压过滤的操作：将比布氏漏斗的内径略小、但可盖住全部瓷孔的滤纸平铺在漏斗内，用少量溶剂润湿滤纸，将布氏漏斗装在抽滤瓶上，使漏斗颈部的斜口对着抽滤瓶支管，以避免减压时，滤液被吸入瓶侧口。在安全瓶的另一边接上真空水泵，起减压作用。水泵中急速的水流不断将空气带走，从而使系统内压力减小，在布氏漏斗

减压过滤操作

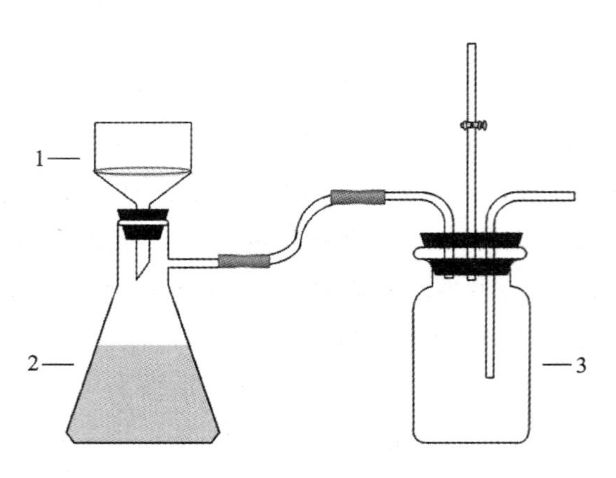

图 1-2-12 减压过滤

1. 布氏漏斗；2. 抽滤瓶；3. 安全瓶

内的液面与抽滤瓶内造成一个压力差，提高过滤速度。开启真空泵，观察真空泵读数以显示系统是否漏气，将溶液沿着玻棒转移至漏斗中，注意加入溶液的量不要超过漏斗容积的 2/3。抽滤完毕，应先拔掉连接抽滤瓶的橡皮管或打开安全瓶上的活塞通空气，再关水泵，以防倒吸。若沉淀需要洗涤时，应先停止抽气，往漏斗中加入少量洗涤液(一般选择溶剂)，用刮刀或玻棒小心搅拌，让它与沉淀充分接触，再抽气，再加入洗涤液反复 2～3 次。倒出滤液时，注意使抽滤瓶的支管朝上，以免滤液由此流出。支管只作连接减压装置用，不作为滤液出口。

图 1-2-13 热过滤

(3) 热过滤：如果溶质的溶解度随温度的降低而明显降低，为了防止在过滤过程中析出晶体，可采用热过滤，使用热滤漏斗。热滤漏斗是由金属套内加一个长颈玻璃漏斗组成的，如图 1-2-13 所示。使用时将热水(通常是沸水)倒入金属套的夹层内，加热侧管(如滤液溶剂易燃，过滤前务必将火熄灭)。玻璃漏斗中放入滤纸，用少量热溶剂润湿滤纸，立即把热溶液分批倒入漏斗中，不要倒得太满，也不要等滤完再倒，尚未加入的溶液和保温漏斗都用小火加热，保持微沸。热过滤时一般不需用玻棒引流，以免加速降温，接受滤液的容器内垫不要贴紧漏斗颈，以免滤液迅速冷却析出的晶体沿器壁向上堆积而堵塞漏斗下口，过滤动作要迅速。

3. 离心分离法 当被分离的沉淀的量很少时，可用离心分离法。本法分离速度快，适用于需要迅速判断沉淀是否完全的实验。实验室常用电动离心机，将盛有沉淀和溶液的离心管放在离心机内高速旋转，由于离心力的作用使沉淀聚集在管底尖端，上部是澄清的溶液，从而实现固液分离。

使用离心机时为了使离心机旋转时保持平衡，离心管要放在对称的位置上。如果只有一份试样，则在对称的位置放一支离心管，管内装入等量的水。各离心管的

NOTE

规格应相同，加入离心管内液体的量不得超过其体积的一半，各管溶液的高度应相同。离心沉降后，可用滴管吸出上层清液从而分离溶液和沉淀。如果要得到纯净的沉淀，必须对沉淀进行洗涤。为此，往盛沉淀的离心管中加入适量的蒸馏水或其他洗涤液，用玻棒充分搅拌后，进行离心沉降，再用滴管吸出洗涤液。如此重复操作，直至洗净。

（黄　蓉）

第二节　仪器介绍

一、常用玻璃仪器

1. 常用玻璃仪器图示　实验室里的玻璃仪器是化学实验的重要工具，不同的玻璃仪器具有不同的用途，也有其自身的操作方法和要求。实验室常用的玻璃仪器有烧杯、锥形瓶、容量瓶、移液管、玻棒等，具体如图 1-2-14 所示。

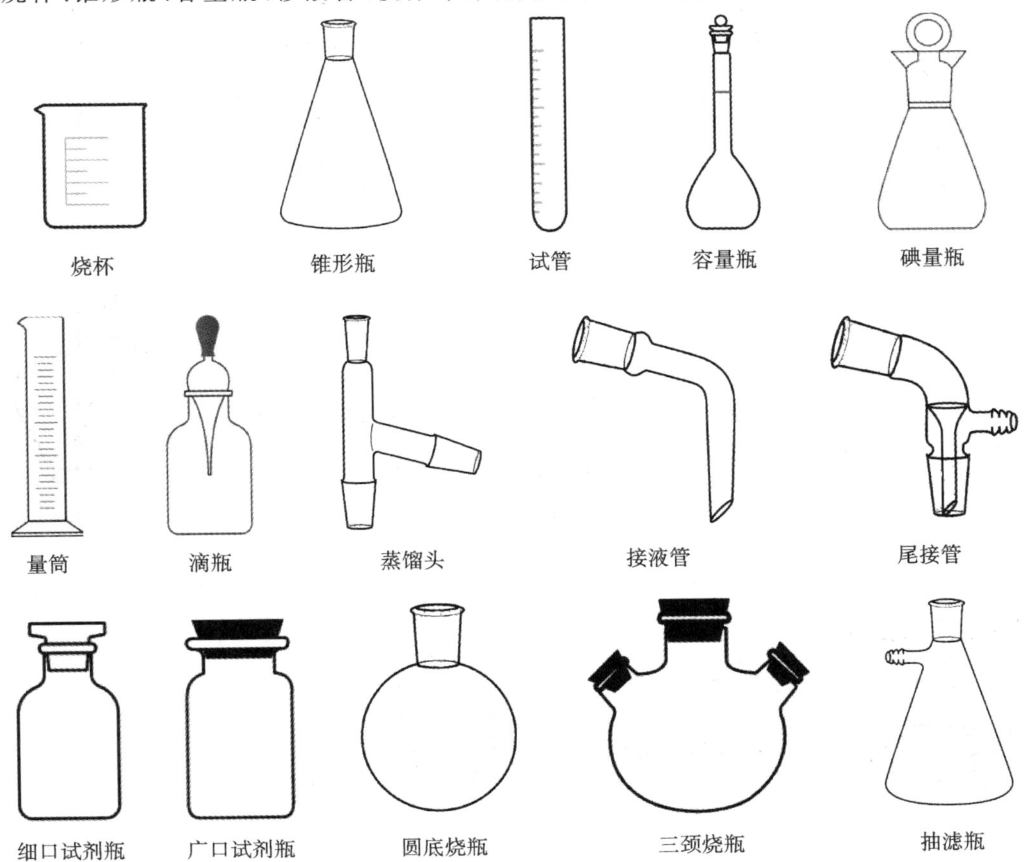

图 1-2-14　常用玻璃仪器

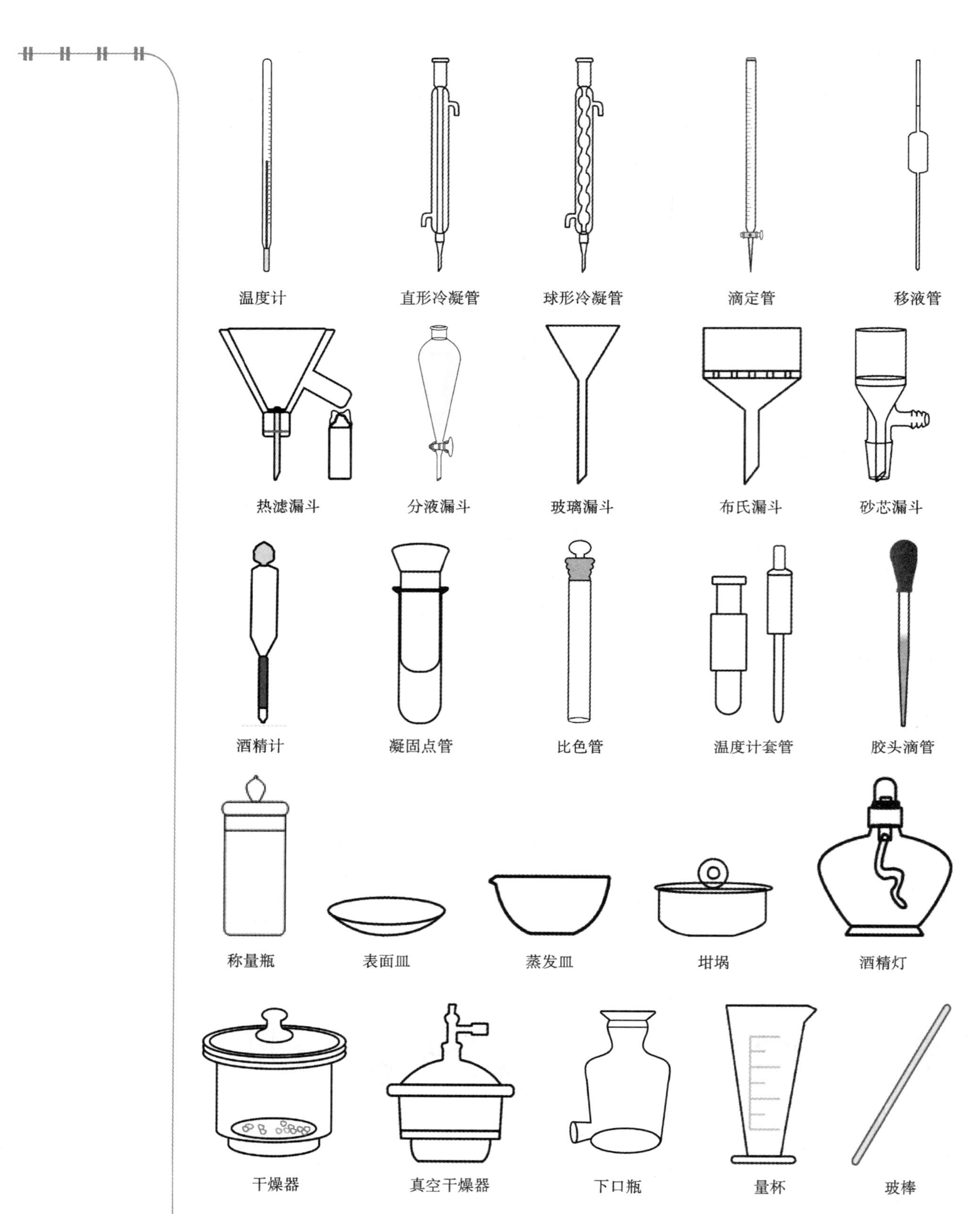
温度计
直形冷凝管
球形冷凝管
滴定管
移液管
热滤漏斗
分液漏斗
玻璃漏斗
布氏漏斗
砂芯漏斗
酒精计
凝固点管
比色管
温度计套管
胶头滴管
称量瓶
表面皿
蒸发皿
坩埚
酒精灯
干燥器
真空干燥器
下口瓶
量杯
玻棒

续图 1-2-14

2. 常用玻璃仪器主要用途及使用注意事项 如表 1-2-2 所示。

表 1-2-2 常用玻璃仪器的主要用途及使用注意事项

仪器名称	主要用途	使用注意事项
烧杯	用作反应物用量较多时的反应容器，配制溶液、溶解样品、促进溶剂蒸发等	不能储放易燃液体，加热前要把烧杯外壁擦干，加热时应置于石棉网上，使其受热均匀，不可烧干；烧杯不宜长期存放化学试剂，用后应立即洗净、擦干、倒置存放
锥形瓶	用作反应容器，振荡方便，适用于滴定分析操作	振荡时，盛液不能太多；不能直接加热，加热时下面应垫石棉网或置于水浴中加热
碘量瓶	用于碘量法或其他生成挥发性物质的定量分析	滴定时打开塞子，用去离子水将瓶口及塞子上的碘液洗入瓶中，磨口碘量瓶加热时要打开塞子，非标准磨口要保持原配塞子
容量瓶	用来配制标准溶液或试样液，以及稀释一定量溶液到一定体积	不能加热，不能进行物质的溶解，只能配制溶液，不能储存溶液，不能在烘箱中烘烤
量筒、量杯	用于粗略地量取一定体积的液体	不能加热，不能在其中配制溶液，不能在烘箱中烘烤，操作时要沿壁加入或倒出溶液
滴瓶	用来装使用量很小的液体试剂，便于取用	滴瓶上的滴管只能专用，滴管不能吸得太满，不能平放或斜放，防止滴管中的试液流入且腐蚀胶头而玷污试剂，滴加试剂时要保持垂直，禁止将滴管伸入试管中，以免杂质污染
细口试剂瓶	细口试剂瓶用于存放液体试剂（棕色瓶用于存放见光易分解的试剂）	不能加热，不能在瓶内配制放热量大的溶液；磨口塞要保持原配，放碱液的瓶子应使用橡皮塞
广口试剂瓶	广口试剂瓶用于装固体试剂（棕色瓶用于存放见光易分解的试剂）	不能加热，不能储放易燃液体；磨口塞要保持原配
下口瓶	用于存放便于从下口取用的液体试剂	不能加热，不能在瓶内配制放热量大的溶液
称量瓶	矮型用于测定干燥失重或在烘箱中烘干基准物；高型用于称量基准物、样品等	不可盖紧磨口塞烘烤，磨口塞要原配
圆(平)底烧瓶	加热及蒸馏液体	一般避免直火加热，隔石棉网或各种加热浴加热，加热完毕后应先撤去热源，静止冷却后，再进行废液处理和洗涤
抽滤瓶	抽滤时接受滤液	属于厚壁容器，能耐负压；不可加热

NOTE

续表

仪器名称	主要用途	使用注意事项
普通漏斗	长颈漏斗用于定量分析、过滤沉淀;短颈漏斗用于一般过滤	滤纸用溶剂润湿,避免滤纸与漏斗间留有空隙
分液漏斗	用于分开两种互不相溶的液体	磨口旋塞必须原配,漏水的漏斗不能使用
砂芯漏斗	用作液体的精细过滤	过滤器性质稳定,一般采用抽滤,不能骤冷骤热,不能过滤氢氟酸、碱等,用完立即洗净
布氏漏斗	用来使用真空或负压力抽吸进行过滤,一般与抽滤瓶搭配使用	容易破裂,应轻拿轻放
普通试管	常温和加热条件下,用作少量试剂的反应容器,可用于定性分析	硬质玻璃试管可直接在火焰上加热,加热前试管外壁要擦干,不能骤冷,反应液体不超过试管容积 1/2,加热时不超过 1/3,以防止振荡时液体溅出或受热溢出
离心试管	可在离心机中借离心力作用分离溶液和沉淀	只能水浴加热
移液管	在滴定分析中用于准确移取溶液	不能在烘箱中烘干,不能移取太热或太冷的溶液;同一实验应尽可能使用同一支移液管
滴定管	常用于正确计量反应所消耗的滴定剂的体积,也可用于滴定时测定自管内流出液体的体积	滴定管使用时下端不能有气泡,滴定管不同于量筒,其读数自上而下由小变大,不能在烘箱中烘干
胶头滴管	用于吸取或滴加少量液体试剂	不能倒置,也不能平放于桌面;不能伸入容器,更不能接触容器;胶帽与玻璃管要结合紧密不漏气,若胶帽老化,要及时更换
比色管	用于粗略测量溶液的浓度	不能加热,要轻拿轻放,同一比色实验要使用同样规格的比色管
冷凝管	用于冷却蒸馏出的液体	不可骤冷骤热,注意从下口进冷却水,上口出水
凝固点管	用于测定液体的凝固点	不可加热
尾接管	又名牛角管,与冷凝器配套使用,将蒸馏液导入承接容器,起到收集冷凝管中的液体的作用	比导管内部接触面积大,冷凝效果好,设置为弯管,方便使用
蒸馏头	用于连接烧瓶与蒸馏管	在使用前应在磨口涂抹凡士林
温度计	用于测量液体的温度	在测温前千万不要甩,所测液体温度不能超过量程

续表

仪器名称	主要用途	使用注意事项
酒精计	用来测量酒精溶液中酒精的含量	使用时要注明溶液的温度
研钵	研磨固体试剂及试样等	不能撞击，不能烘烤，不能研磨与玻璃作用的物质
蒸发皿	用于蒸发液体、浓缩溶液或干燥固体物质	材质不同，耐腐蚀性能不同，应根据溶液和固体的性质适当选用；对酸、碱稳定性好；可耐高温，但不宜骤冷
表面皿	盖烧杯及漏斗等	不可直火加热，直径要略大于所盖容器；用于称量时应洗净烘干
坩埚	灼烧固体物质；溶液的蒸发、浓缩或结晶	可直接受热，加热后不能骤冷，用坩埚钳取下；受热时放在泥三脚架上；蒸发时要搅拌，将近蒸干时用余热蒸干
干燥器	保持烘干或灼烧过的物质的干燥，也可干燥少量制备的产品	底部放变色硅胶或其他干燥剂，在磨口处涂适量凡士林，不可将红热的物体放入，放入过热物体后要时时开盖以免盖子跳起或冷却后打不开盖子
真空干燥器	适用于干燥需回收溶剂和含强烈刺激、有毒气体的物料	必须保证密封性良好
酒精灯	一般作为加热用热源，温度通常可达 400～500 ℃	酒精灯内酒精一般以不超过其总容量的 2/3 为宜，一般用火柴点燃，不可用燃着的酒精灯直接去点燃；用灯罩盖上熄灭灯焰，然后提起灯罩，待灯口稍冷，再盖上灯罩，切勿用嘴吹
玻棒	用于在过滤等情况下转移液体的导流，用于溶解、蒸发等情况下的搅拌，对液体和固体的转移，使热量均匀散开	搅拌时不要太用力，以免玻棒或容器破裂；搅拌时不要碰撞容器壁、容器底，不要发出响声；搅拌时要以一个方向搅拌（顺时针、逆时针都可以）

3. 常用玻璃仪器的洗涤 化学实验所用玻璃仪器必须保持洁净，否则会影响实验效果，甚至导致实验结果的失败。洗涤玻璃仪器时，应根据实验要求、污物性质及玷污程度等来决定采用何种洗涤方法。玻璃仪器洗涤之后，应用少量去离子水荡洗2～3次。玻璃仪器洗干净的标志是完全被水均匀润湿而不挂水珠。

一般来说，附着在玻璃仪器上的污物有可溶物、尘土、不溶物及有机物等，常见的洗涤方法有以下几种。

（1）刷洗法：用水和毛刷刷洗玻璃仪器，可以去掉仪器上附着的尘土、可溶物及

易脱落的不溶物等，注意使用毛刷刷洗时，不可用力过猛，以免戳破容器。

(2) 合成洗涤剂法：先将待洗涤的玻璃仪器用少量水润湿，用毛刷头蘸取少量去污粉或合成洗涤剂，擦洗仪器，然后用自来水反复冲洗去污粉颗粒或合成洗涤剂，最后用去离子水洗涤干净，每次去离子水的用量要少(本着“少量多次”的原则)。

(3) 铬酸洗涤法：太脏的玻璃仪器先用自来水冲洗并沥干，避免洗液被稀释影响洗涤效果，然后加入铬酸洗液润洗或浸泡。洗液可反复使用，用后倒回原瓶并密闭，防止吸水。当洗液由棕红色变为绿色时即失效。

(4) “对症”洗涤法：针对附着在玻璃器皿上不同性质的物质，采用特殊洗涤法，如附着有机物的玻璃器皿用 NaOH、乙醇等溶液洗涤；硫黄用煮沸的石灰水洗涤；难溶硫化物用 HNO_3、HCl 洗涤；铜或银用 HNO_3 洗涤；AgCl 用氨水洗涤；煤焦油用浓碱洗涤；黏稠焦油状有机物用回收的溶剂浸泡；MnO_2 用热浓盐酸等进行洗涤。

(5) 超声波清洗法：把用过的仪器放在配有洗涤剂的溶液中，利用超声波清洗器产生超声波的振荡和能量来清洗仪器，即可达到清洗仪器的目的。洗涤过的仪器再用自来水漂洗干净即可。该法省时、方便。

每次实验结束后，需立即清洗使用过的仪器，这时污物的性质比较清楚，容易选用合适的方法除去。当不清洁的仪器放置一段时间后，由于溶剂挥发，洗涤工作变得更加困难。若仪器残留有焦油状物质，应先用纸或去污粉擦去大部分焦油状物质后再用各种方法清洗。

4. 常用玻璃仪器的干燥　化学实验经常用到的玻璃仪器应在每次实验完毕后洗净、干燥备用。不同的实验、不同的仪器对干燥有不同的要求，故应采用不同的方法干燥仪器。

(1) 晾干：晾干，即自然风干，是让残留在仪器内壁的水分自然挥发而使仪器干燥的一种方法。将仪器用去离子水冲洗干净后，倒立放置于适合的仪器柜内或放置于干燥的陶瓷盘上，或倒插于格栅板中或干燥板上干燥。通常，烧杯可倒置于柜内；蒸馏烧瓶、锥形瓶和量筒可倒套在试管架的小木桩上；容量瓶可倒插于格栅板中；冷凝管可用夹子夹住，竖放在柜子里。该方法的缺点是耗时较长，适用于不着急使用的玻璃仪器。

(2) 烤干：将仪器外壁擦干后用夹子夹起，小火烘烤，并不停转动仪器，使其受热均匀。该法适用于试管、烧杯、蒸发皿等仪器的干燥。硬质试管要从底部烤起，并使管口向下，以免水珠倒流炸裂试管，烘到无水珠后直立试管向上赶净水蒸气。

(3) 烘干：将已经洗干净的玻璃仪器按顺序从上层到下层放入烘箱中烘干。仪器放入之前要尽量倒干净其中的水分，仪器口必须向上。带有磨砂口玻璃塞的仪器，必须取下活塞。当烘箱已经开始工作时，不能往上层放入湿的仪器，以免水珠下落导致热的仪器骤冷而破裂。取仪器时必须待烘箱内温度降至室温才可取出；切不可将过热的仪器直接取出，以免仪器破裂或者被烫伤。烘箱温度一般保持在 100～110 ℃。

NOTE

烘干注意事项：①带有刻度的计量仪器（如量筒、滴定管、吸管、容量瓶等）不能用加热的方法干燥，因为热胀冷缩将影响这些仪器的精确度。②对于厚壁瓷质仪器不能烤干，只能烘干。③刚烘烤过的热仪器不能直接放在冷或湿的桌面上，容易因局部过冷而破裂。

（4）吹干：利用电吹风将仪器吹干，一般先用热风吹玻璃仪器的内壁，待干后再吹冷风使其冷却。也可将洗净的仪器直接放在气流干燥器中进行干燥。常用于干燥体积小而又急需使用的玻璃仪器。

（5）有机溶剂法：先用少量丙酮或无水乙醇使仪器内壁均匀润湿后倒出，再用乙醚均匀润湿内壁后倒出；待大部分溶剂挥发后，吹入热风到完全干燥，再吹入冷风使其逐渐冷却。此种方法又称为快干法。

5. 常用玻璃仪器及使用 不同的玻璃仪器都有其自身的规格和使用方法。以下详述几种常用的玻璃仪器。

1）滴定管 滴定管是容量分析中最基本的测量仪器，常用于正确计量反应所消耗的滴定剂的体积，也可用于滴定时测定自管内流出溶液的体积，主要由具有准确刻度的细长玻璃管及聚四氟乙烯活塞组成，如图 1-2-15 所示。由于聚四氟乙烯活塞抗酸或碱腐蚀，可以酸碱通用，故又称酸碱滴定管。

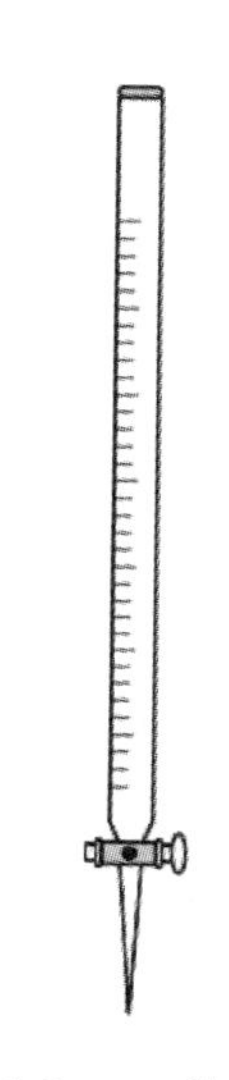

图 1-2-15 滴定管

常用的滴定管规格为 50 mL 或 25 mL，读数可估读到 0.01 mL，每次滴定所用溶液体积最好在 20 mL 以上，若滴定所用体积过小，则滴定管刻度读数误差增大。

滴定管有无色和棕色两种，一般需避光保存的滴定液（如硝酸银滴定液、碘滴定液、高锰酸钾滴定液等）需用棕色滴定管盛装，其他的滴定液则用无色滴定管。

（1）滴定管使用前的准备。

①检漏：使用滴定管之前，应先检查滴定管是否破损、是否漏水、旋塞转动是否灵活。具体操作方法：先关闭旋塞，使管内充满水至零刻度线上，将滴定管垂直夹在滴定管架上，用滤纸在旋塞周围和管尖处检查。然后将旋塞旋转 180°，直立 2 min，再用滤纸检查，如漏水，先将旋塞拔出，用吸水纸或干净纱布把塞子和塞槽擦干，然后涂上一薄层凡士林（注意不要涂得太多，以免塞孔堵塞），再将旋塞插入槽中，使旋塞能旋转自如。

②洗涤：滴定管装入待装溶液之前必须洗净，洗涤时以不损伤内壁和内壁不挂水珠为原则。当没有明显污染时，可以直接用自来水冲洗。如内壁沾有油脂性污染物，可用肥皂液、合成洗涤剂或碳酸钠溶液润洗，再用自来水冲洗干净。若油污不容易洗净时，用铬酸洗液洗涤（注意回收洗液），即先关闭旋塞，倒入约 10 mL 洗液，打开旋塞，放出少量洗液洗涤管尖，然后边转动滴定管边向管口倾斜，使洗液布满全管，最后将洗液从管口放出，用自来水冲净。无论上述哪一种洗涤方式，都需要用自

来水充分洗涤后再用去离子水润洗 2～3 次，每次 10～15 mL。

③装液和排气泡：洗干净的滴定管必须用待装溶液润洗 3 次，每次 10～15 mL，润洗液弃去，然后才能装入待装溶液。装入待装溶液时，应将待装溶液注入至零刻度线以上，检查旋塞周围和管尖是否有气泡。若有，开大旋塞使溶液冲出，排出气泡。待装溶液必须直接装入，不能使用漏斗或其他器皿辅助。

④读数：读数时，应将滴定管从滴定管架上取下，左手捏住上部无液处，保持滴定管垂直。视线与弯月面最低点刻度水平线相切。若视线在弯月面上方，读数就会偏高；若视线在弯月面下方，读数就会偏低。若为有色溶液，其弯月面不够清晰，则读取液面最高点。一般初读数在 0.00 mL 或 0～1 mL 的任一刻度，以减小体积误差。有的滴定管背面有一条蓝带，称为蓝带滴定管。蓝带滴定管的读数与普通滴定管类似，当蓝带滴定管盛装溶液后将有两个弯月面相交，此交点的位置即为蓝带滴定管的读数位置。

滴定管使用操作

图 1-2-16　滴定操作

(2) 滴定管的使用步骤：滴定时，应将滴定管垂直地夹在滴定管架上。滴定管离锥形瓶口约 1 cm，用左手控制旋塞，拇指在前，食指和中指在后，无名指和小指弯曲在滴定管和旋塞下方之间的直角中。转动旋塞时，手指弯曲，手掌要空。右手三指（拇指、食指和中指）握住瓶颈，瓶底离台 2～3 cm，滴定管下端伸入瓶口约 1 cm，微动右手腕关节摇动锥形瓶，边滴边摇使滴下的溶液混合均匀。锥形瓶摇动的规范方式：右手执锥形瓶颈部，手腕用力使瓶底沿顺时针方向画圆，要求所用力度使溶液在锥形瓶内均匀旋转，形成漩涡，溶液不能有跳动，管尖口与锥形瓶应无接触。滴定操作如图 1-2-16 所示。

滴定过程中，液体流速应由快到慢，起初可以“连滴成线”，之后逐滴滴下，接近终点时则要半滴半滴地加入。加入半滴的方法：小心地放下半滴滴定液悬于管尖处，用锥形瓶内壁靠一下，然后用洗瓶冲下。当锥形瓶内指示剂指示终点时，立刻关闭活塞停止滴定。取下滴定管，右手拿住滴定管上部无液部分，使滴定管垂直，视线与凹液面平齐，读数（读数时应估读一位，估读到 0.01 mL）。

(3) 滴定管使用时注意事项：①滴定时，左手不允许离开旋塞，放任溶液自己流下；②滴定时，目光应集中在锥形瓶内的颜色变化上，不要去注视滴定管刻度的变化，而忽略反应的进行；③每个样品一般要平行滴定 3 次，每次均从零刻度线开始，每次均应将数据及时记录在表格中；④滴定管使用前后均应进行洗涤。

2) 移液管

(1) 移液管的规格：移液管（图 1-2-17）是准确移取一定量溶液的一种量器，有胖肚移液管和刻度移液管之分。管身中段有膨大部分的移液管称为胖肚移液管，其常

用规格有 5 mL、10 mL、25 mL、50 mL。另一种移液管是具有分刻度的直形玻璃管，也称为刻度移液管（或吸量管），其常用规格有 1 mL、2 mL、5 mL、10 mL。这两种移液管的操作方法相同，现以胖肚移液管操作为例加以说明。

（2）移液管的洗涤：移液管在使用前必须洗净，即吸取少量洗涤液于移液管中，横放并转动移液管进行洗涤（图 1-2-18）。先用自来水充分洗涤，再用去离子水润洗 3 次。当第 1 次使用洗净的移液管取溶液时，应先用滤纸将尖端内外的水吸干净，否则会因引入水滴而改变溶液的浓度。最后，用少量待移取的溶液将移液管润洗 2～3 次，以保证移取溶液的浓度不变。

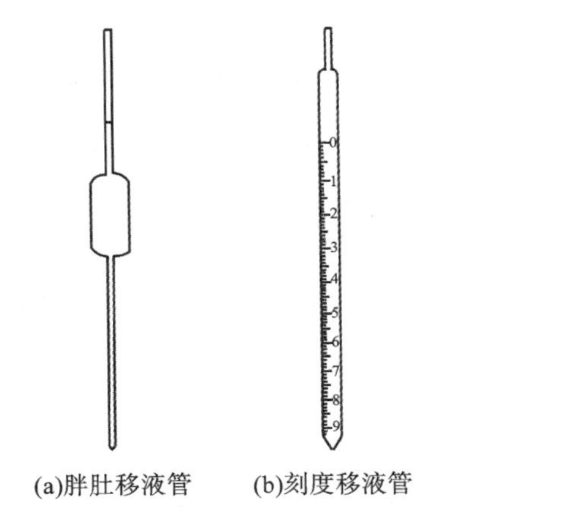

(a)胖肚移液管　(b)刻度移液管

图 1-2-17　移液管

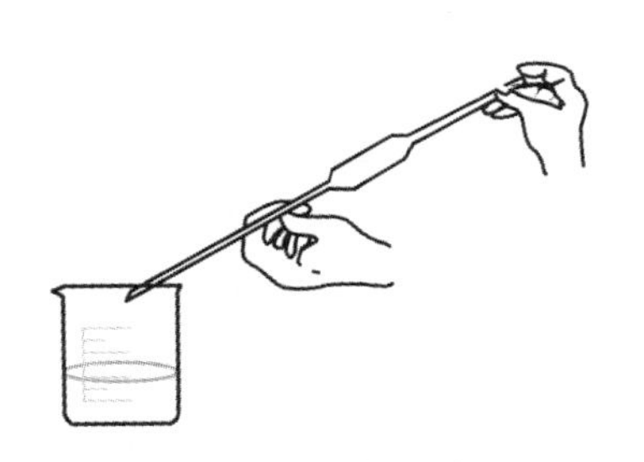

图 1-2-18　移液管洗涤操作

（3）移液管的使用：移取溶液时，用右手的拇指和中指捏住管颈标线以上的地方，将其下端插入溶液液面下 1～2 cm，左手拿洗耳球，先将球内空气压出，然后将洗耳球的尖端接在移液管顶口，慢慢松开洗耳球使溶液吸入管内（图 1-2-19）。当液面升到刻度线以上时移去洗耳球，立即用右手食指按住管口，把移液管尖端提出液面，略松食指（或慢慢转动移液管）使液体缓缓流出直到溶液弯月面与标线相切，立即用食指压紧管口。然后取出移液管，将准备承接溶液的容器稍倾斜，将移液管垂直放入容器中，管尖紧靠容器内壁，松开食指让溶液自然沿器壁流下（图 1-2-20），溶液流完后停靠约 15 s，取出移液管。注意：移液管上未标明“吹”时，留在移液管尖端的少量液体一般不吹出。移液管使用完毕，应放在移液管架上。

移液管和吸量管使用操作

（4）移液管使用注意事项。

①使用移液管时，一定要与洗耳球搭配使用吸取溶液。

②不可用毛刷或其他粗糙物品擦洗内壁，以免造成内壁划痕和容量不准而损坏移液管。用毕应及时用自来水冲洗，再用去污粉水洗涤（不能用毛刷刷洗）；用自来水冲洗干净，再用去离子水冲洗 3 次，倒挂，自然沥干；不能在烘箱中烘烤。

③需精密量取一定整数体积的溶液，应选用相应规格的移液管，不能以用两个或多个移液管分取相加的方法来精密量取整数体积的溶液。

④在使用移液管时，应将移液管下端插入溶液液面下 1～2 cm，不能伸入太多，

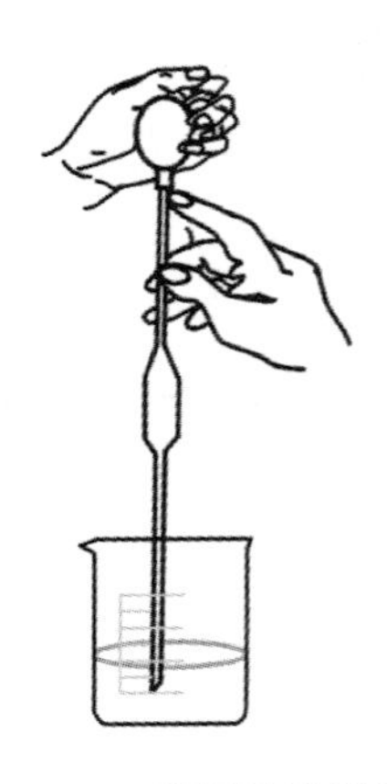

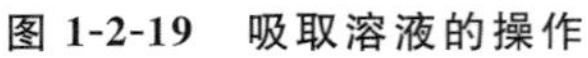
图 1-2-19　吸取溶液的操作

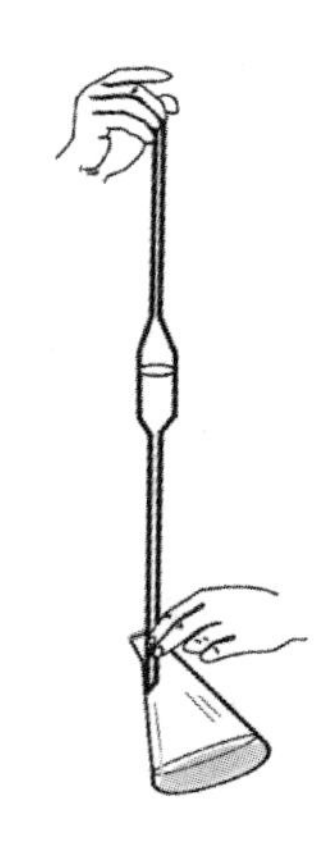
图 1-2-20　放出溶液的操作

以免管尖外壁沾有过多溶液，也不应伸入太少，以免液面下降后出现吸空现象，应边吸取溶液边将移液管尖端下移。

3）容量瓶

（1）容量瓶的规格：容量瓶是一种具有细长颈的梨形平底玻璃瓶（图 1-2-21），带有磨口玻璃塞或塑料塞，是一种用来精确配制一定体积溶液的玻璃仪器。容量瓶瓶颈上有环状标线，表示在所指温度下当液体达到标线时，液体体积恰好与瓶上所注明的体积相等。

容量瓶一般用来配制标准溶液或试样液，以及稀释一定量溶液到一定体积。通常有 25 mL、50 mL、100 mL、250 mL、500 mL、1000 mL 等规格。容量瓶有无色和棕色两种，一般需避光保存的溶液（如硝酸银溶液、碘液、高锰酸钾溶液等）需用棕色容量瓶，其他溶液则用无色容量瓶。

（2）容量瓶的使用：在使用容量瓶之前，应先检查是否有破损或漏水（图 1-2-22），然后用去离子水将容量瓶洗净。若用固体配制溶液，先将准确称取的固体物质置于小烧杯中溶解，然后转移至容量瓶中；转移时要使玻棒的下端靠近瓶颈内壁，使溶液沿玻棒及瓶颈内壁流下（图 1-2-23），溶液全部流完后，将烧杯、玻棒用去离子水洗涤 3 次，洗涤液一并转入容量瓶中，然后用去离子水稀释至 2/3 容积处，摇动容量瓶，使

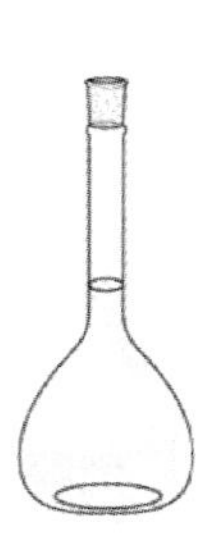
图 1-2-21　容量瓶

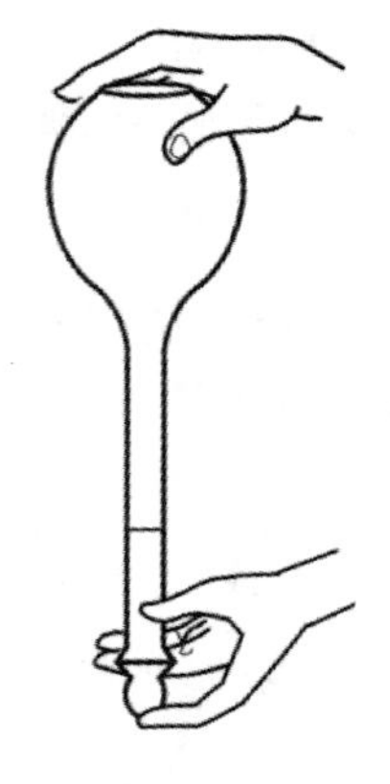
图 1-2-22　检查漏水及混匀操作

图 1-2-23　转移溶液的操作

NOTE

溶液混合均匀，继续加去离子水，加至近标线处，改用胶头滴管滴加，直至溶液的弯月面与标线相切为止，盖紧瓶塞，将容量瓶倒转，并振荡数次，使溶液充分混合均匀。

若把浓溶液定量稀释，则用移液管移取一定体积的浓溶液于容量瓶中，按照上述方法稀释至标线，摇匀即可。

（3）容量瓶使用注意事项。

①配制溶液前，先弄清楚需要配制的溶液的体积，再选用相同规格的容量瓶。

②不能在容量瓶中进行溶质的溶解。

③用于洗涤烧杯的溶剂总量不能超过容量瓶的标线。

④容量瓶不能进行加热，如果溶质在溶解过程中放热，要待溶液冷却后再转入容量瓶。

⑤容量瓶只能用于配制溶液，不能储存溶液，因为溶液可能会对瓶体进行腐蚀，从而使容量瓶的精度受到影响。

⑥容量瓶用完之后应及时洗涤干净，塞上瓶塞，并在塞子与瓶口之间夹一纸条，防止瓶塞与瓶口粘连。

⑦容量瓶不能在烘箱中烘烤。

4）锥形瓶

（1）锥形瓶的规格：锥形瓶为平底窄口的锥形容器，是化学实验室常见的一种玻璃仪器，一般用于滴定实验中，也可用于普通实验中制取气体或作为反应容器。锥形瓶常用的规格有 10 mL、25 mL、50 mL、100 mL、250 mL、500 mL 等。市场上销售的锥形瓶最小规格为 5 mL，最大规格为 5000 mL。

（2）锥形瓶使用注意事项。

①滴定实验中，为了防止滴定液下滴时溅出瓶外，造成实验误差，应该用右手握住瓶颈，以手腕用力沿一个方向摇动锥形瓶，或者将锥形瓶放在磁力搅拌器上搅拌。

②注入的液体最好不超过其容积的 1/2，过多容易造成飞溅。

③加热时使用石棉网（电炉加热除外），玻璃外面要擦干再加热。

④锥形瓶使用后需用专用的洗涤剂清洗干净，并进行烘干，保存在干燥容器中。

⑤锥形瓶一般情况下不可用来储存液体。

5）量筒（或量杯）

（1）量筒的规格：量筒是用来量取液体的一种玻璃仪器，一般的规格以所能度量的最大容量（mL）表示，常用的有 10 mL、20 mL、25 mL、50 mL、100 mL、250 mL、500 mL、1000 mL 等规格。

量筒外壁刻度都是以 mL 为单位。量筒越大，管径越粗，其精确度就越低，由视线的偏差所造成的读数误差也就越大。故实验中应根据所取溶液的体积，尽量选用能一次量取的最小规格的量筒。分次量取引起的误差比单次量取引起的误差大，如要量取 200 mL 的液体，应选用 250 mL 的量筒一次量取，而不能用 50 mL 的量筒分 4 次量取。

（2）量筒的使用：向量筒中注入液体时，应用左手拿住量筒，使量筒略倾斜，右手拿试剂瓶，标签对准手心，使瓶口紧挨着量筒口，让液体缓缓流入，待注入的量比所需要的量稍少（少 1～2 mL）时，应将量筒水平正放在桌面上，并改用胶头滴管逐滴加入到所需要的量。

量筒没有"0"刻度，"0"刻度即为其底部。一般起始刻度为总容积的 1/10 或 1/20。例如，10 mL 的量筒一般从 1 mL 处才开始有刻度线，故我们所使用的任何规格的量筒都不能量取小于最低刻度以下体积的液体，否则，误差太大，应改用更小规格的量筒来量取。当液体注入量筒中后，要稍等一会儿，使附着在内壁上的液体流下，再读数，否则，读数将偏低。读数时，应把量筒放在平整的桌面上，视线、刻度线与量筒内液体的凹液面最低处三者保持水平，再读数，否则读数会偏高或偏低。

在观察液面高度时应平视凹液面；仰视时视线斜向上，视线与筒壁的交点在液面下，故读数偏低；俯视时视线斜向下，视线与筒壁的交点在液面上，故读数偏高。

（3）量筒使用注意事项。

①量筒不能加热，不能量取过热的液体。不能在量筒中进行化学反应或配制溶液。

②量筒一般只能用于精度要求不高的液体体积的量取，通常可用于定性分析和粗略的定量分析，精确的定量分析不能使用量筒，可用移液管或滴定管代替。

③量筒是粗量器，10 mL 的量筒一般不需估读，只需读取到 0.1 mL。规格大于 10 mL 的量筒一般需要估读，否则误差更大，一般读数应保留到 0.1 mL。

二、称量仪器

天平是进行称量的精密仪器，它的种类很多，有普通天平（如托盘天平）、空气阻尼天平、半自动电光天平、全自动电光天平和单盘天平等。这些天平在构造和使用方法上有所不同，但基本要点相同。本书主要介绍托盘天平和电子天平。

1. 托盘天平

（1）称量原理：托盘天平是实验室常用的称量工具，称量精度为 0.1 g，由底座、托盘架、托盘、游码标尺、平衡调节螺丝、指针、刻度盘及游码等组成，见图 1-2-24。

托盘天平是根据杠杆原理制造的。图 1-2-25 所示为双盘天平梁的示意图，O 点为梁的支点，它把梁分为 OM 和 ON 两臂，并使 OM＝ON，故双盘天平又称为等臂天平。被称物质以力 m_1 作用于梁的 M 点上，砝码以力 m_2 作用于梁的 N 点，当天平处于平衡状态时，支点两边力矩相等，$l_1 m_1 = l_2 m_2$。因为 $l_1 = l_2$，所以 $m_1 = m_2$。当忽略空气浮力时，m_1 和 m_2 分别为被称物质和砝码的重力，又因重力与质量成正比，所以被称物体的质量等于砝码的质量。

（2）使用方法。

①零点的调节：称量前先将游码拨至标尺的"0"刻度处，观察指针在刻度盘中心线附近的摆动情况。若等距离摆动，表明天平零点准确，可以使用，否则应调节托盘

NOTE

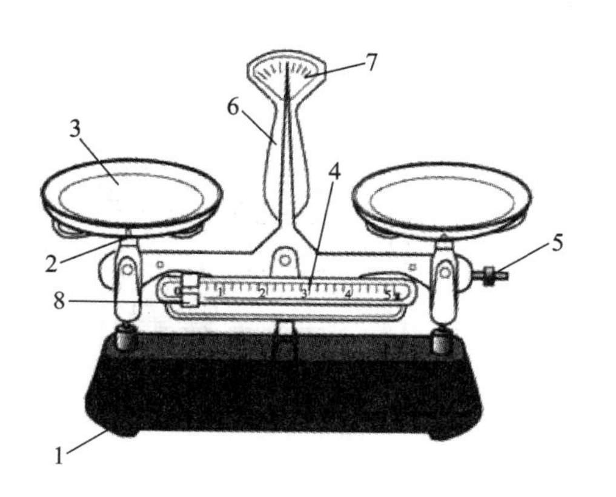

图 1-2-24 托盘天平的组成

1. 底座；2. 托盘架；3. 托盘；4. 游码标尺；
5. 平衡调节螺丝；6. 指针；7. 刻度盘；8. 游码

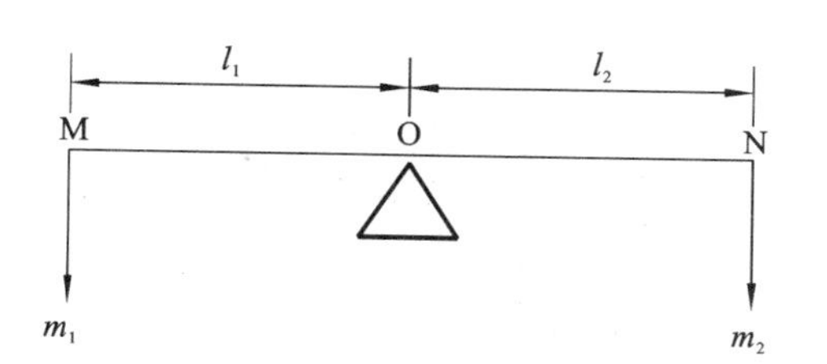

图 1-2-25 托盘天平的称量原理

下的平衡调节螺丝，直至指针在中心线左右等距离摆动，或停在中心线上为止。

②称量：依据左物右码原则，将被称量物放在左托盘中，砝码放置于右托盘中。若称量物质量低于 10 g(或 5 g)则用移动标尺上的游码调节，当指针在中心线左右等距离摆动或停在中心线上时，砝码所示总质量加游码读数质量为被称量物的质量。

(3) 注意事项。

①被称量物不能直接放在托盘上，依其性质放在纸上、表面皿上或其他容器里，要保持托盘洁净、无沾染。

②不能称量热的物品。

③称量完毕后，天平与砝码要恢复原状。

④要保持天平和砝码的清洁。

2. 电子天平

(1) 称量原理：电子天平是最新一代的天平，是根据电磁力补偿平衡原理制造的，有顶部承载式(吊挂单盘)和底部承载式(上皿式)两种结构。一般都装有小电脑，具有自动校正、自动去皮、超载指示、故障报警等功能以及具有质量电信号输出功能，且可与打印机、计算机联用，进一步扩展其功能，如统计称量的最大值、最小值、平均值及标准偏差等。电子天平操作简便，称量速度很快。电子天平的结构如图 1-2-26 所示。

电子天平采用了电磁力补偿平衡原理，实质也是一种杠杆平衡，只是在杠杆的一端采用了电磁力，如图 1-2-27 所示。称量原理：①当天平处于空称零位时，产生的力矩 $M_{左}=m_1\times g\times l_1$、$M_{右}=F\times l_2$，由于零位时天平达到平衡，$M_{左}=M_{右}$，即 $m_1\times g\times l_1=F\times l_2$。②当称量台上加载称物 m_2 时，杠杆偏离零位，此时零位指示器有偏差信号产生，经过放大器和调节器等一系列转换后，线圈的电流 I 增大，电磁力矩 $M_{右}$ 也将一起增大，杠杆回到原来平衡位置，即天平的零位，最终使 $M_{左}=M_{右}$，即 $m_2\times g$

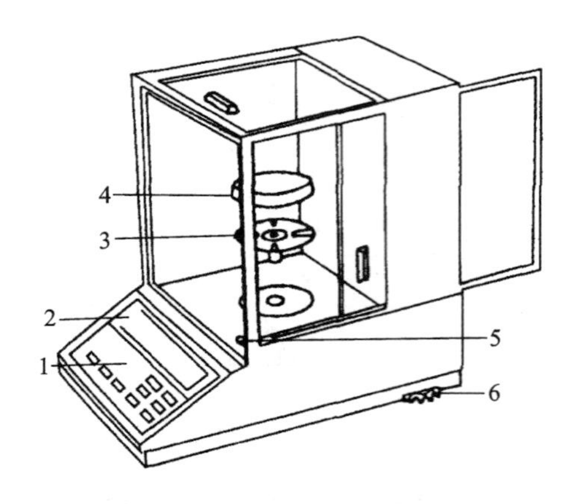

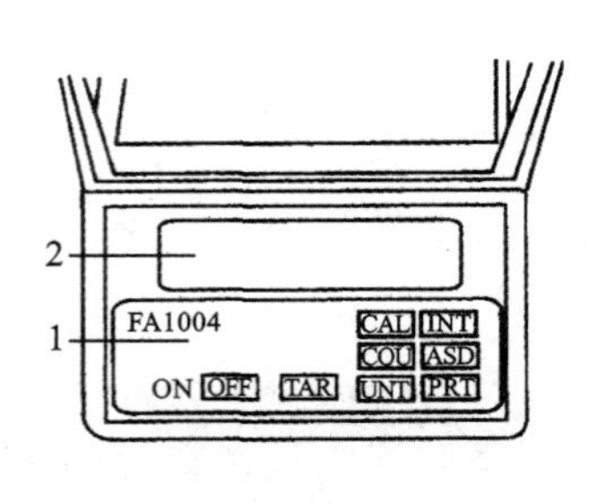

图 1-2-26　电子天平结构示意图

1. 键板；2. 显示器；3. 盘托；4. 称量台；5. 水平仪；6. 水平调节

$\times l_1 = F \times l_2$，最后把电信号处理成为数字信号，数显在显示屏上。根据上述原理可得出以下重要结论：在磁场中通过线圈的电流 I 与被称物体的质量 m 成正比。

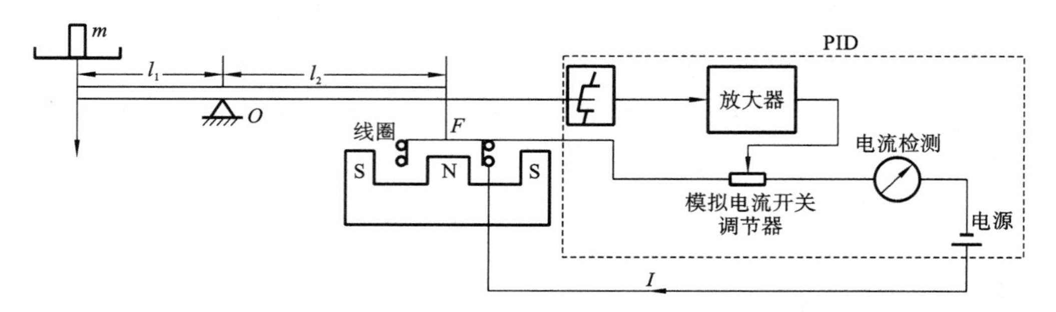

图 1-2-27　电子天平测量原理示意图

（2）称量方法：常用的称量方法有直接称量法和递减（差减）称量法，现分别介绍如下。

①直接称量法：对于在空气中稳定、不易吸湿的物质可用直接称量法称量。即先称盛器，然后把试样放到盛器再称准其质量，两次质量之差即为试样的质量。例如，称量无腐蚀性的玻璃材料、铜块等的质量，容量器皿校正中称量某容量瓶的质量，重量分析实验中称量某坩埚的质量等。

②递减称量法：在称量过程中试样易吸水、易氧化或易与 CO_2 等反应时，应选择此法。由于待称试样的质量是由两次称量之差求得，故也称差减法，称量瓶的取用方法如图 1-2-28。称量时，把试样放在称量瓶中，称其质量 m_1，敲出一定量的试样（于盛器）后，再称其质量 m_2，前后两次质量之差就是敲出的试样的净质量。

通过连续称量，可称得多份试样，其中第 1 份试样质量为 m_1-m_2；第 2 份试样质量为 m_2-m_3；第 3 份试样质量为 m_3-m_4。

若需称 n 份试样，则要进行 $n+1$ 次的称量。

（3）使用方法。

①开启、预热：把天平调整到水平状态，轻按一下“ON”键，显示器全亮，然后显

图 1-2-28 称量瓶的拿取和药品敲击取样

示天平型号，再显示称量形式。预热通常需 0.5 h。

②校对：轻按“CAL”键，进入校对状态，用标准砝码（如 100 g）进行。

③称量：取下标准砝码，零点显示稳定后即可进行称量。如用小烧杯称取样品时，可先将洁净干燥的小烧杯放在称量台中央，显示数字稳定后按“TAR”去皮键，显示即恢复为零，再缓缓加样品至显示出所需样品的质量时，停止加样，直接记录样品的质量。

三、酸度计

酸度计又称 pH 计，是一种测量和反映溶液酸碱度的重要工具。pH 计的型号和产品多种多样，显示方式也有指针显示和数字显示两种可选，但是无论 pH 计的类型如何变化，它的工作原理都是相同的，其主体是一个精密的电位计。pH 计是通过测量电势差的方法测量溶液 pH 值的仪器。实验室常用的 pH 计有雷磁 25 型、pH700/720/730、pHS-25 型、pHS-3 型和奥利龙 868/828/818 型等。各种型号仪器的原理相同，只是结构和精度不同，本书就以 868 型 pH 计为例进行介绍。

1. 868 型酸度计的结构 868 型 pH 计与复合 pH 电极联合使用，具有自动标定、自动温度补偿、pH 分辨率选择、自动斜率计算和诊断性辅助操作代码等功能。868 型 pH 计由 LED 显示器、键盘、复合 pH 电极组成。LED 显示器用于显示 pH 值或 mV 值读数、测量温度及仪器状态等信息（图 1-2-29）。

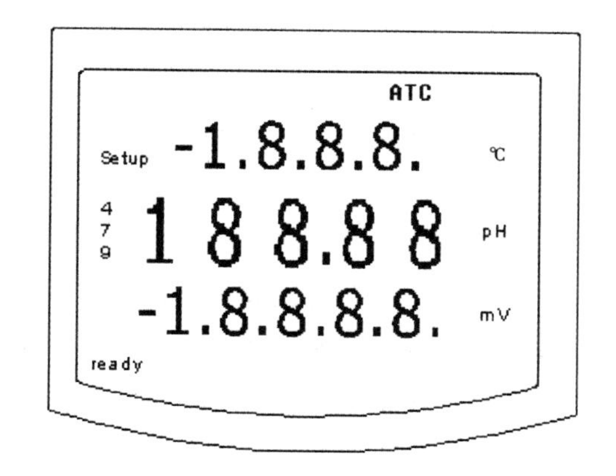

图 1-2-29 显示器示意图

键盘由八个轻触键构成，可以对校对、温度补偿、测试等功能进行控制，键盘结构如图 1-2-30 和图 1-2-31 所示，各键功能列于表 1-2-3。

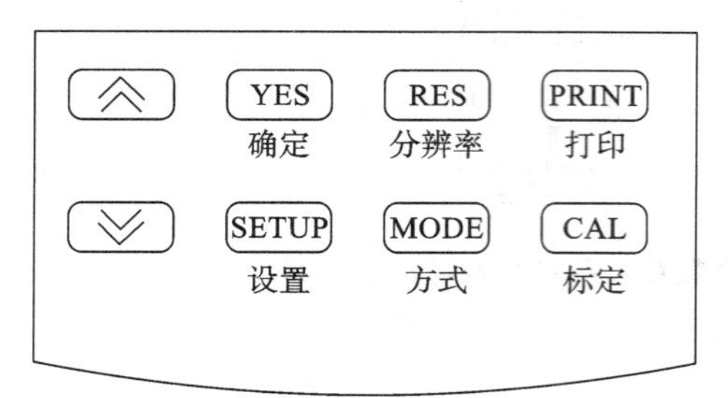

图 1-2-30　868 型 pH 计键盘示意图

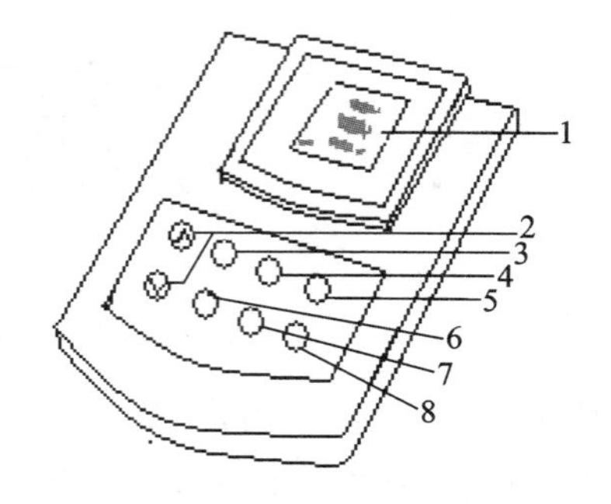

图 1-2-31　868 型 pH 计结构图

1. 显示屏；2."参数修改"键；3."确定"键；4."分辨率"键；5."打印"键；6."设置"键；7."方式"键；8."标定"键

表 1-2-3　868 型 pH 计轻触键功能

按键	功　能
方式(MODE)	按此键选择测量方式或进行 mV 值、pH 值和温度的转换
确定(YES)	按此键接受设置或标定点，亦可用来滚过设置菜单而不改变任何参数
滚动(⩓,⩔)	可用来对当前设置参数进行修改，亦可在标定菜单中进行标液选择、测量方式中的人工温度设置
标定(CAL)	按此键开始标定
设置(SETUP)	在测量状态按设置键，指示测试仪器处于查看方式，它用于查看操作参数，以及查看 pH 电极的零点、斜率
分辨率(RES)	用于选择 pH 值的分辨率 0.001pH/0.01pH
打印(PRINT)	打印出当前的 pH 值和温度值

2. 酸度计的使用方法

pH 计的使用

(1) 两点标准溶液自动标定法。

①将电极与仪器连接。

②选择包括预期试样范围的 pH＝4.008 和 pH＝6.865，或 pH＝6.865 和 pH＝9.180 的标准缓冲溶液。

③按"标定"键开始标定过程。CAL 显示两秒钟。按"ENTER"键接受先前的标定范围(pH 4～7 或 7～9)或使用"滚动"键选择其中之一，按"ENTER"键接受选择，将显示 pH＝7 缓冲溶液信号。用去离子水冲洗电极并将电极放入 pH＝6.865 的标准缓冲溶液中，"READY"灯点亮时表示电极已稳定，按"ENTER"键接受缓冲溶液数值。

④之后显示 pH＝4(或 9)的缓冲溶液信号，将电极从 pH＝7 缓冲溶液中取出，用去离子水冲洗，并将电极放入 pH＝4.008 或 9.180 的标准缓冲溶液(根据选定的

标定范围)中。"READY"灯点亮时,按"ENTER"键接受缓冲溶液数值。

⑤显示计算所得斜率的同时,屏上显示 SLP。仪器进入测量状态。

⑥用去离子水冲洗电极并将电极放入试液中。当"READY"灯点亮时,直接从仪器主屏幕上记录 pH 值,并从屏幕的上部记录温度值。

(2) 一点标准溶液自动标定法:单缓冲溶液自动标定只可使用 pH=6.865 缓冲溶液进行。

①将 pH 电极与 pH 计连接。

②选择 pH=6.865 的标准缓冲溶液。

③按"标定"键开始标定过程,使用"滚动"键选择标定方式。当显示 7 时,按"ENTER"键接受选择。用去离子水冲洗电极并将电极放入 pH=6.865 的标准缓冲溶液中。等待几分钟,待 mV 数值稳定后,"READY"灯点亮时,按"ENTER"键接受缓冲溶液数值。标定结束后自动退回测量状态。

④用去离子水冲洗电极并将电极放入试液中。当"READY"灯点亮时,直接从仪器主屏幕上记录 pH 值,并从屏幕的上部记录温度值。

(3) 注意事项。

①预热。

②必须用已知准确 pH 值的标准缓冲溶液校正 pH 计。

③测定时 H^+ 浓度先稀后浓(pH 值由高到低),用滤纸吸干电极表面水分,稍作摇动以缩短电极响应时间。

④用于校正的缓冲溶液 pH 值应与被测溶液 pH 值接近,以减小测量误差。

⑤玻璃电极在使用中,防止与强烈吸水的溶剂接触,测强碱性溶液时应尽快操作,立即冲洗,不可沾油污,少量可用乙醇洗,再用水洗,长时间不用时必须放在 3 $mol \cdot L^{-1}$ 的 KCl 保护液中。

(4) pH 电极的维护:pH 电极对灰尘和污染物是十分敏感的,所以需要根据使用的范围和条件定期进行清洗。储存 pH 电极最好的方法是使电极的玻璃泡始终湿润,要避免将电极储存在去离子水中,以免使电极的反应变慢。保护性的橡皮帽或者充满缓冲溶液的容器可对电极进行长期的储存。

四、可见分光光度计

分光光度计是通过测量溶液对光的吸光度或透光率来对物质进行定性、定量分析的仪器。以可见光为光源的分光光度计,属于可见分光光度计,主要用于定量分析。按照光路系统来分,大致可分为单光束、双光束、单波长、双波长以及各种组合方式。国产 72 型、721 型、722 型、Xg-125 型和 751 型分光光度计均为单光束单波长光路系统,其中 721 型和 722 型具有体积小、性能稳定、价格便宜、操作简便等特点而被广泛使用。本章以 721 型分光光度计为例进行介绍。

1. 721 型分光光度计主要部件 各种型号的分光光度计质量、价格差别很大,

但仪器基本结构和工作原理相似，组成部件主要有光源、单色光器、吸收池、检测器、信号处理和显示系统等。光源提供连续辐射，经单色光器获得有限波长范围内的单色光，单色光经吸收池中待测溶液部分吸收后，透过光到达光检测器，使光信号转换成电信号，在读数指示器上输出测量值。现在，许多仪器还配有微处理器，可进行自动控制、测量和记录。

（1）光源：光源是提供入射光的装置，应有足够辐射强度和稳定性，发光面积应较小，需用聚光镜将光集中于单色光器进光狭缝。可见分光光度计采用固体炽热发光的钨灯（12 V，5 W）作光源，可发射 320～3200 nm 的连续光谱，适用范围为 360～1000 nm。现在，仪器大都改用发光效率更高、使用寿命更长的卤钨灯。

（2）单色光器：单色光器是将光源发出的连续光谱按波长顺序色散，并从中分离出一定宽度谱带的装置，由棱镜或光栅等色散元件以及狭缝、准直镜、凸轮和波长盘等组成。棱镜固定在圆形活动板上，通过杠杆与带有波长盘的凸轮相连，转动波长盘，棱镜相应转动，即可选择所需波长。

棱镜由光学玻璃制成，可见分光光度计常用 Curnu 棱镜或 Littrow 棱镜。光在不同介质中传播速度不同，从一种介质进入另一种介质时发生折射，波长越短，传播速度越慢，折射率越大。所以，复色光从空气中进入棱镜后便按波长由长到短的顺序色散成谱带（图 1-2-32）。在 Littrow 棱镜中，棱镜背面镀有铝层，色散光以相反方向通过同一棱镜，可自动消除双折射影响。

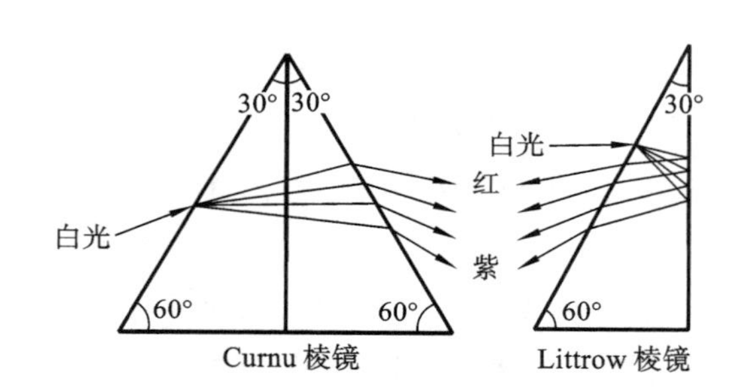

图 1-2-32　白光在棱镜中的色散

光栅是密刻等距平行条纹的光学元件，利用狭缝衍射后光的干涉作用，使不同波长的光有不同的方向，起到色散作用。光栅具有色散均匀、呈线性、工作波段广、分辨本领高、光度测量便于自动化等优点，为较高档仪器采用。高质量的分光光度计采用全息光栅代替机械刻制和复制光栅。

狭缝也是精密部件，狭缝宽度直接影响分光质量。经过狭缝的单色光是具有一定光谱宽度的谱带，称为光谱带宽。理论上狭缝宽度越小，带宽越窄，波长越接近单色光，但狭缝太小时单色光强度太弱，光通量过小，信噪比将降低；而狭缝太宽，则单色光不纯，这些都将直接影响测定准确度。因此，狭缝宽度一般以减小狭缝宽度时试样吸光度不再改变的宽度为宜。由于分子吸收光谱的吸收峰比较宽和平滑，一般情况下带宽 2～6 nm 对分析结果影响不大。

NOTE

准直镜是以狭缝为焦点的圆形凹面抛物柱面反射聚光镜，其作用是将进入单色光器的发散光变成平行光，并将色散后的单色平行光聚焦于出光狭缝。

(3) 吸收池：吸收池是盛装溶液并提供一定吸光厚度的器皿，由无色透明、厚薄均匀、耐腐蚀的光学玻璃制成。测定中同时配套使用的一组吸收池厚度应一致，透光率相对误差应小于 0.5%。吸收池透光面应严格平行并保持洁净透明，切勿用手接触和用粗糙滤纸擦拭。吸收池厚度有多种规格，可根据需要选用。

(4) 检测器：光电检测器是测量单色光透过溶液后光强度变化的装置，它能将光能转换为易测量的电信号输出。目前，可见分光光度计的检测器已广泛采用光电管。光电管内封装有一个丝状阳极和一个凹形阴极，见图 1-2-33。阴极凹面涂有一层对光敏感的碱金属或碱金属氧化物或两者的混合物，光照射到阴极时，其表面金属物质发射电子，流向电势较高的阳极而产生电流。光愈强，阴极表面发射的电子愈多，产生的光电流也愈大。光电管内阻很高，产生的电流容易被放大，即使入射光强度较弱时也能进行测定。光电管的优点是灵敏度高，不易疲劳。

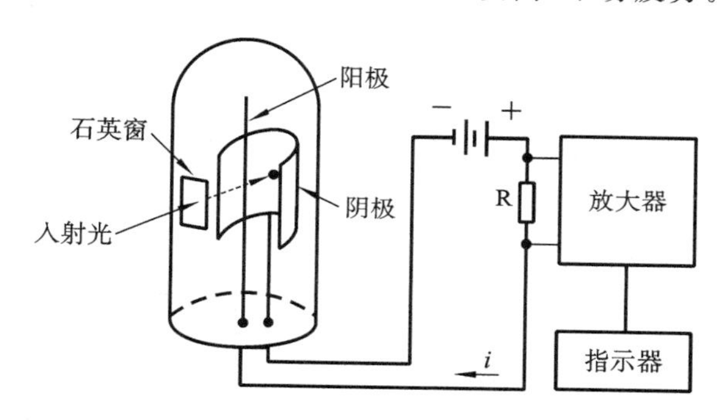

图 1-2-33 光电管工作原理

(5) 指示器：指示器的作用是以适当方式显示或记录输出的测量信息。透射光射到光电管上产生光电流，经高阻值电阻后电位降较大，输出的光电流很弱，约 1×10^{-6} A，需用放大器放大后才能输入指示器。指示器上可直接读取吸光度、透光率或浓度等，显示方式有指针式微安电表和数字显示等类型。在微安电表计数标尺上(图 1-2-34)读数时，应注意透光率刻度是等分的，由左向右增大，但吸光度刻度是不均等的，由右向左增大，因为吸光度与透光率呈负对数关系。精密型分光光度计通常采用函数记录仪、数字显示器或与计算机联用，能自动采集、显示、处理和打印数据，测定更为方便。

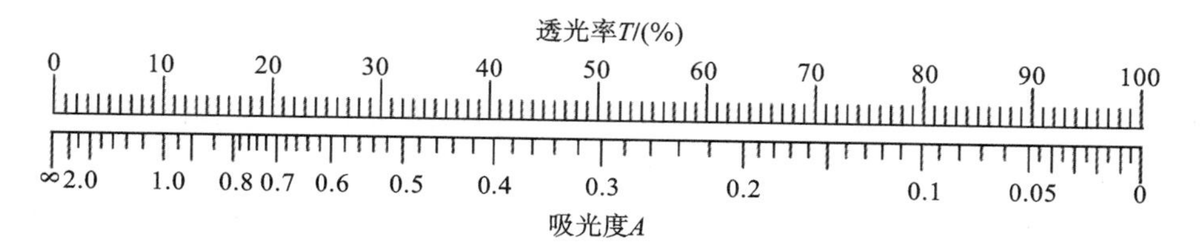

图 1-2-34 微安电表读数标尺

2. 721 型分光光度计的结构和使用方法

(1) 721 型分光光度计的结构:721 型分光光度计为狭缝固定的单光束自准式仪器,是在 72 型的基础上改造而成的。仪器采用体积很小的晶体管稳压器代替了 72 型笨重的磁饱和稳压器,检测器用光电管代替硒光敏电池,指示器用指针式微安电表代替体积大且易损坏的悬镜式光点反射检流计,对稳压器、单色光器和检流计进行了集成,并大幅度改进了电路系统,不仅结构简单紧凑,而且性能更加稳定。

721 型分光光度计光学系统如图 1-2-35 所示。光源 1 发出的光通过聚光透镜 2 汇聚,由平面反射镜 7 转角 90°射入狭缝 6,经准直镜 4 反射后成平行光束,以最小偏向角射向棱镜 3,色散后得到单色光;单色光经棱镜铝层反射后稍偏转一个角度原路返回射向准直镜,由准直镜反射聚焦于狭缝 6,再经聚光透镜 8 射入吸收池 9,吸收后的透射光最后射向光电管 12,产生的电信号经放大后显示于微安电表读数标尺上。这里,出射狭缝和入射狭缝是一体的,为了减小谱线通过棱镜后呈弯曲形状而影响单色性,把狭缝两片刀口做成弧形,以便近似吻合谱线弯曲度,保证仪器单色性。

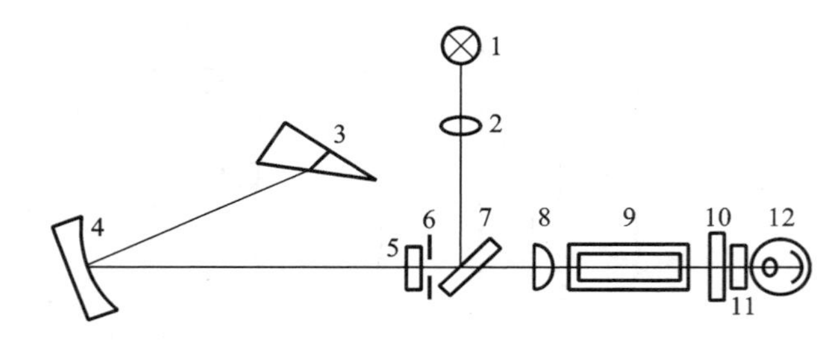

图 1-2-35　721 型分光光度计光学系统图

1. 光源;2,8. 聚光透镜;3. 棱镜;4. 准直镜;5,11. 保护玻璃;
6. 狭缝;7. 平面反射镜;9. 吸收池;10. 光门;12. 光电管

(2) 721 型分光光度计的使用方法。

分光光度计的使用

①仪器通电前,应先检查电表指针是否位于"0"刻度线,否则应调节电表校正螺丝,使电表指针指到"0"刻度线。

②仪器通电后,打开吸收池样品室盖,同时光门关闭,暗箱右侧装有光门部件,光门会随样品室盖开闭而相应关闭与开启。选择所需波长和灵敏度,调节"0"旋钮使电表指针指到"0",盖上吸收池样品室盖,使盛有空白溶液的吸收池处于光路,调节"100%T"旋钮使电表指针指到"100%T"处。然后,打开样品室盖,仪器预热约 20 min。

③按第②步连续调整几次"0"和"100%T"后,即可进行测定。放大器灵敏度有五档,选择原则是在保证空白档良好调到"100%T"的情况下,尽量使用较低灵敏度档,这样仪器稳定性更高。使用时一般设置为"1"档,灵敏度不够时再逐档升高。注意,改变灵敏度后必须按第③步重新校正"0"和"100%T"。

④大幅度改变波长时,在调整"0"和"100%T"后应歇息片刻(让钨灯在急剧改变

亮度后保持一段热平衡时间)，指针稳定后重新调整“0”和“100% T”，即可工作。更换待测溶液时，不要倒掉空白溶液，以便用于调节“0”和“100% T”，直到完成所有测定工作。

⑤使用完毕，关闭电源，将各调节旋钮恢复至初始位置。取出吸收池洗净，自然干燥后放回专用盒内。仪器冷却 10 min 后，盖上防尘罩。

(3) 注意事项。

①调节光度计的旋钮，特别是波长盘、灵敏度档、“0”和“100% T”电位器旋钮，动作一定要轻，稍有阻力时绝不能强行调节，否则极易将其损坏。

②用参比溶液调节“100% T”时，应先将光亮调节旋钮调至最小，然后盖上样品室盖，再慢慢开大光亮度。

③若连续测定时间太长，吸光度读数会因光电管疲劳而发生漂移，此时应切断电源，待仪器稍作歇息后再开机使用。

④灵敏度档位放大倍数为第 1 档 1 倍，第 2 档 10 倍，第 3 档 100 倍，第 4 档 200 倍，第 5 档 400 倍。为使仪器稳定工作，一般宜选择低档位。

⑤使用吸收池时，只能拿两侧磨砂面，切勿触摸透光面，以免污染而影响透光率。吸收池装溶液之前，应先用待装液润洗 2～3 次。吸收池内液面高度大约为吸收池高度的 2/3。沾在吸收池外的液体先用吸水纸轻轻吸干，再用擦镜纸轻擦透光面，才能放入液槽架上。

⑥定期检查仪器放大器及单色光器下的干燥剂筒，若发现硅胶受潮变色，应更换成干燥的蓝色硅胶，或将原有硅胶取出烘干后再重新装入使用。另外，放在仪器样品室内的干燥剂也应定期取出烘干。

⑦仪器长期使用或搬动后，要检查波长的准确度，一般用镨铷滤光片进行校正。镨铷滤光片是一种含有稀土金属镨和铷的玻璃制品，其光谱吸收特性是固定的，最大吸收波长为 529 nm。镨铷滤光片校正波长的方法有逐点校正法和简易校正法。

(向广艳　袁泽利　李佳佳　黄　蓉)

NOTE

·第二部分·

无机化学实验

实验一　药用氯化钠的精制与杂质检测

实验预习内容

称量、溶解、过滤、沉淀、蒸发、结晶、洗涤等操作方法，循环水多用真空泵的操作规程。

扫码看 PPT

一、目的要求

(1) 掌握药用氯化钠(NaCl)的制备原理和方法。

(2) 熟悉称量、溶解、过滤、沉淀、蒸发、浓缩、结晶、洗涤等基本操作。

(3) 了解药用 NaCl 的鉴别、检查方法。

二、实验原理

1. 粗食盐提纯　粗食盐含有 Ca^{2+}、Mg^{2+}、K^{+}、SO_4^{2-} 等可溶性杂质以及不溶于水的泥沙等杂质，精制后可制得一定纯度的化学或医用 NaCl 试剂。

粗制化学品的除杂质方法通常有物理方法和化学方法。其中，化学方法除杂质的基本原则是尽可能不引入新的杂质，因为除杂质的需要而引入的成分在后续操作中必须能彻底除去。粗食盐的简单提纯方法如下所示。

(1) 先将粗食盐溶解于水，用过滤法除去泥沙等不溶性杂质。

(2) 除 SO_4^{2-}：加入 1 $mol \cdot L^{-1}$ $BaCl_2$ 溶液将 SO_4^{2-} 转化为 $BaSO_4$ 白色沉淀。

$$Ba^{2+} + SO_4^{2-} \longrightarrow BaSO_4 \downarrow$$

(3) 除 Ca^{2+}、Mg^{2+}、Ba^{2+}：加适量的 NaOH 和 Na_2CO_3 溶液，使 Ca^{2+}、Mg^{2+}、Ba^{2+} 转化为白色氢氧化物和碳酸盐沉淀。

$$Mg^{2+} + 2OH^{-} \longrightarrow Mg(OH)_2 \downarrow$$

$$Ca^{2+} + CO_3^{2-} \longrightarrow CaCO_3 \downarrow$$

$$Ba^{2+} + CO_3^{2-} \longrightarrow BaCO_3 \downarrow$$

(4) 除去少量可溶性杂质 K^{+} 等，可根据溶解度的不同(表 2-1-1)，在重结晶时，使其残留在母液中而除去。由于温度较高时氯化钾(KCl)的溶解度大于氯化钠，故蒸发、浓缩时 KCl 尚未达到过饱和状态，而 NaCl 可从过饱和溶液中结晶析出，过滤可除去 K^{+}。

2. 检查　钡盐、钾盐、钙盐、镁盐及硫酸盐的限度检验是根据沉淀反应的原理，将样品管和标准管在相同条件下进行比浊实验，样品管的浊度不得比标准管的浊度更深。

表 2-1-1　NaCl 和 KCl 在水中的溶解度(g/100 g 水)

物质	温度/℃									
	10	20	30	40	50	60	70	80	90	100
氯化钠	35.80	36.00	36.30	36.66	37.00	37.30	37.80	38.40	39.00	39.80
氯化钾	31.00	34.00	37.00	40.00	42.60	45.50	48.30	51.10	54.00	56.70

三、仪器与试剂

1. 仪器　天平，烧杯(100 mL)，量筒(50 mL)，酒精灯，pH 试纸，玻棒，蒸发皿(60 mm)，滤纸，布氏漏斗(60 mm)，吸滤瓶(500 mL)，漏斗及漏斗架。

2. 试剂　$BaCl_2$ 溶液(1 mol·L^{-1})，NaOH 溶液(2 mol·L^{-1})，Na_2CO_3 溶液(1 mol·L^{-1})，HCl 溶液(2 mol·L^{-1})。

四、实验步骤

(1) 用天平称取粗食盐 10.0 g 置于 100 mL 小烧杯中，加 80 ℃左右的热蒸馏水 30 mL，不断搅拌至食盐全部溶解。

(2) 趁热加入 1 mol·L^{-1} $BaCl_2$ 溶液 1.5～2.0 mL，继续加热几分钟(使 $BaSO_4$ 颗粒长大易于过滤)后冷却，取少量上层清液，检验是否沉淀完全，沉淀完全后过滤除去 $BaSO_4$ 沉淀，保留滤液。

(3) 将滤液加热至沸，加入 0.5 mL 2 mol·L^{-1} NaOH 溶液后，再滴加 1 mol·L^{-1} Na_2CO_3 溶液约 2 mL 至沉淀完全，过滤、弃去沉淀。

(4) 在滤液中滴加 2 mol·L^{-1} HCl 溶液，加热、搅拌，赶尽 CO_2，用 pH 试纸检验，溶液应呈微酸性(pH 值为 5.0～6.0)。

(5) 将中和后的溶液小心移入蒸发皿，用小火蒸发、浓缩至稠状，经常搅拌以防止溶液或晶体溅出，蒸发量约为原体积的 3/4 时去火。稍冷却后将所得晶体减压过滤，用少量蒸馏水(2～3 mL)洗涤两次，晶体置烘箱中在 105 ℃条件下烘干，即得精制食盐，称量。

(6) 检验(如进行此步骤，上述制备所需试剂用量要加倍)。

①溶液的澄清度：取本品 2.0 g，加蒸馏水 10 mL 溶解后，溶液应澄清。

②酸碱度：取本品 2.0 g，加蒸馏水 20 mL 溶解后，加溴百里酚蓝指示液 2 滴，如显黄色，加 0.01 mol·L^{-1} NaOH 滴定液 0.10 mL，应变为蓝色；如显蓝色或绿色，加 0.01 mol·L^{-1} HCl 溶液 0.20 mL，应变为黄色。

③钡盐的检验：取本品 2.0 g，用 10 mL 蒸馏水溶解，过滤，滤液分为两等份。一

份加稀硫酸 1 mL，另一份加蒸馏水 2 mL，静置 15 min，两份溶液应同样澄清。

④Ca^{2+} 和 Mg^{2+} 的检验：取本品 2.0 g，用 10 mL 蒸馏水溶解后，加氨试液 1 mL，摇匀，分为两等份。一份加草酸铵试液 0.5 mL，另一份加磷酸氢二钠试液 0.5 mL，5 min 内均不得发生混浊。

五、实验数据记录与处理

按公式计算产率：

$$NaCl\text{产率}(\%)=\frac{m_{\text{精}}}{m_{\text{粗}}}\times 100\%$$

六、注意事项

(1) 称量若使用台式天平要注意调平、调零。

(2) 常压过滤所需滤纸在三折处叠合时，为保证与漏斗贴紧可将外沿的两折层撕去一角。

(3) 减压过滤要注意防止透滤和倒吸现象的发生。

(4) 在实际操作中若时间不够，可用滤纸吸干滤出 NaCl 表面残存的水分后，直接称量，计算湿重产率。

七、思考题

(1) 在粗食盐精制过程中，涉及哪些基本操作？

(2) 怎样检验粗食盐中的 Ca^{2+}、Mg^{2+}、SO_4^{2-} 是否沉淀完全？

(3) 加入 NaOH 和 Na_2CO_3 溶液能除去粗食盐中的哪些离子？如果不加 NaOH 溶液而直接加 Na_2CO_3 溶液能除去上述离子吗？本实验中哪些试剂需要准确移取？

(4) 本实验中鉴别反应的原理是什么？

（姚惠琴）

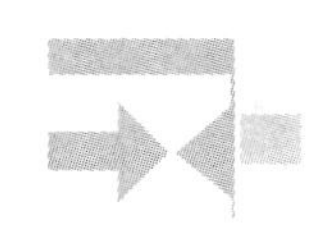

实验二　置换法测定摩尔气体常数

扫码看 PPT

实验预习内容

置换法测定摩尔气体常数的实验原理，量气装置的工作原理与操作方法。

一、目的要求

（1）掌握理想气体状态方程式和气体分压定律的应用。

（2）熟悉测量气体体积的操作和气压计的使用。

二、实验原理

活泼金属镁与稀硫酸反应，置换出氢气：

$$Mg + H_2SO_4 \longrightarrow MgSO_4 + H_2 \uparrow$$

准确称取一定质量的金属镁，使其与过量的稀硫酸作用，在一定温度和压力下测定被置换出来的氢气的体积，由理想气体状态方程式即可算出摩尔气体常数 R：

$$R = \frac{p_{H_2} \cdot V_{H_2}}{n_{H_2} \cdot T} \tag{2-1}$$

其中，p_{H_2} 为氢气的分压，n_{H_2} 为一定质量 m_{Mg} 的金属镁置换出来的氢气的物质的量。

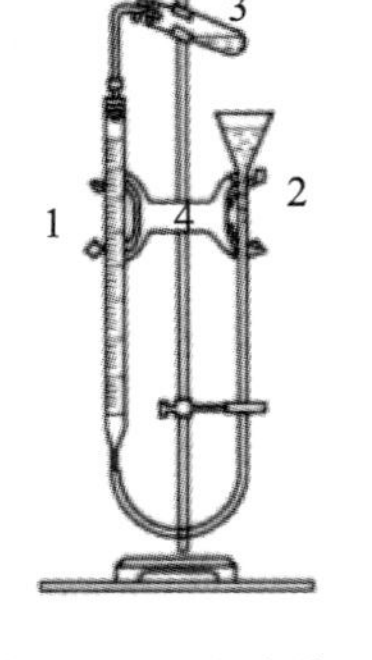

图 2-2-1　实验装置

1. 量气管；2. 液面调节管；3. 试管；4. 蝴蝶夹

实验装置如图 2-2-1 所示，系统靠水封处于密闭状态，一定质量的金属镁所置换出的氢气会将量气管中的水定量排挤到右侧的液面调节管中，因此，量气管中液面刻度的变化可反映生成氢气的体积。在保持装置良好的气密性、氢气产生前后量气管与液面调节管两管中液面保持同一水平、置换反应彻底且系统与环境的热交换达到平衡的条件下：

$$\Delta V = V_{H_2} + V_{H_2O(g)} \approx V_{H_2} \tag{2-2}$$

$$p = p_{H_2} + p_{H_2O(g)} \tag{2-3}$$

$$p_{H_2} = p - p_{H_2O(g)} \tag{2-4}$$

$$T_{环境} = T_{系统} \tag{2-5}$$

室温下水蒸气的压力可在附表或化学手册中查到，只要满足以上实验条件，测得反应前后量气管中液面刻度的变化、平衡时环境大气压和室温即可近似计算摩尔气体常数 R。

三、仪器与试剂

1. 仪器 电子分析天平，10 mL 刻度离心管，蝴蝶夹，长颈漏斗，烧瓶夹，橡皮管，50 mL 碱式滴定管，液面调节管(或 25 mm × 180 mm 规格的直形接管)1 支。

2. 试剂 金属镁条，H_2SO_4溶液(3 mol·L^{-1})。

四、实验步骤

(1) 准确称取两份已擦去表面氧化膜的镁条，每份质量为 0.030～0.035 g(准确至 0.0001 g)。

(2) 按图 2-2-1 所示装配好仪器，打开试管 3 的胶塞，由液面调节管 2 往量气管 1 内装水至略低于“0”刻度的位置。上下移动液面调节管 2 以赶尽胶管和量气管内的气泡，然后将试管 3 的塞子塞紧。

(3) 检查装置的气密性：将试管 3 下移一段距离，固定在蝴蝶夹 4 上。如果量气管内液面只在初始时略有下降而后维持不变(观察 3～5 min)，即表明装置不漏气；如液面不断下降，应重复检查各接口处是否严密，直至确认装置不漏气为止。

(4) 把液面调节管 2 向上移回原来位置，取下试管 3，用长颈漏斗往试管 3 中注入 6～8 mL 3 mol·L^{-1}稀硫酸(取出漏斗时注意切勿使酸玷污管壁)。将试管 3 按一定倾斜度固定好，将镁条用水稍微湿润后贴于管壁内(固定镁条时要确保不与酸液接触)。检查量气管内液面是否处于“0”刻度以下，并再次检查装置气密性。

(5) 使试管 3 靠近通气管右侧，调整两管液面保持同一水平，记下量气管液面刻度。略提高试管 3 底部使酸与镁条接触。这时反应产生的氢气将进入量气管，管中的水被压入调节管内，为避免量气管内压力过大，可适当下移液面调节管 2 使两管液面大体保持同一水平。

(6) 反应完毕后，待试管 3 冷却至室温后，再次调整使液面调节管 2 与量气管 1 的液面处于同一水平，记录液面刻度。1～2 min 后，再次记录液面位置，直至两次读数一致，即表明管内气体温度已与室温相同。

(7) 记录室温和大气压。

(8) 数据记录与处理，计算摩尔气体常数 R 和百分误差(表 2-2-1)。

表 2-2-1 数据记录与处理

测量次数	第一次	第二次
室温 T/K		
大气压 p/kPa		
镁条重量 m_{Mg}/g		

续表

测量次数	第一次	第二次
反应前液面位置/mL		
反应后液面位置/mL		
V_{H_2}/mL		
$R=\dfrac{p_{H_2}\cdot V_{H_2}}{n_{H_2}\cdot T}$		
$R_{平均值}$		
$R_{理论值}$		
$R_{理论值}-R_{测定值}$		
$\dfrac{E_{理论}-E_{测定}}{E_{理论}}\times 100\%$		

五、注意事项

（1）实验的关键是通过环境的压力反映系统中气体的分压，并测得与环境压力、温度相适应条件下气体的体积，因此要特别注意保持装置良好的气密性、氢气产生前后量气管与液面调节管两管中液面保持同一水平、置换反应彻底且系统与环境的热交换达到平衡这三个条件。

（2）量气管中水不能装得太多。

（3）动作要轻、稳，以防反应提前进行。

六、思考题

（1）如何检测本实验装置是否漏气？为什么？

（2）读取量气管内气体体积时，为何要使量气管和液面调节管的液面保持同一水平？

（姚惠琴）

实验三　电解质溶液

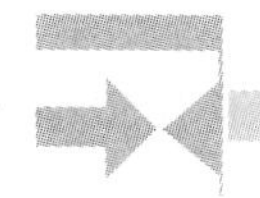

实验预习内容

扫码看 PPT

解离平衡、同离子效应、缓冲溶液的配制和性质、盐类的水解、沉淀的生成、沉淀转化和溶解等基本概念和原理。

一、目的要求

(1) 掌握弱电解质的解离平衡、同离子效应及溶度积原理。

(2) 熟悉缓冲溶液的配制、溶度积规则的应用和离心机的使用。

(3) 了解盐类的水解反应及抑制水解的方法。

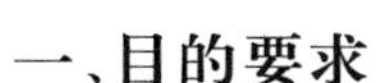

二、实验原理

强电解质在水中完全解离,弱电解质在水中部分解离。在弱电解质水溶液的平衡体系中,加入与该弱电解质含有相同离子的易溶性强电解质,则平衡向生成弱电解质的方向移动,使弱电解质解离度降低,这种现象称为同离子效应。

由弱酸和弱碱组成的溶液能够抵抗少量外来强酸、强碱或适当稀释而保持其pH值基本不变,这类溶液称为缓冲溶液。缓冲溶液的组成类型主要有三种:弱酸及其盐、弱碱及其盐和酸式盐及其次一级盐。

盐类的水解反应是由组成盐的离子和水解离出来的 H^+ 或 OH^- 作用,生成弱酸或弱碱的反应过程。水解反应往往使溶液呈弱酸性或弱碱性,强酸弱碱盐(如 NH_4Cl)水解使溶液呈酸性,强碱弱酸盐(如 NaAc)水解使溶液呈碱性,弱酸弱碱盐的水解,溶液的酸碱性则根据生成的弱酸与弱碱的相对强弱而定。

对于难溶强电解质 A_mB_n 的饱和溶液,溶解和沉淀的速率相等,即达到沉淀-溶解平衡:

$$A_mB_n(s) \rightleftharpoons mA^{n+} + nB^{m-}$$

$$K_{sp} = [A^{n+}]^m[B^{m-}]^n$$

K_{sp}表示在一定温度下,难溶强电解质饱和溶液中各离子浓度幂的乘积为一常数。该常数叫作溶度积常数,简称溶度积。

根据溶度积规则可以判断沉淀-溶解反应进行的方向。

任一条件下，难溶强电解质溶液中，各离子溶度幂的乘积称为离子积（IP，ion product）。对于某一给定的溶液，K_{sp}和 IP 之间可能有三种情况：①IP＞K_{sp}，过饱和溶液或有沉淀析出；②IP＝K_{sp}，饱和溶液，无沉淀析出，达到动态平衡；③IP＜K_{sp}，不饱和溶液，无沉淀析出或沉淀溶解。

三、仪器与试剂

1. 仪器 移液管（5.00 mL，10.00 mL），移液管架，洗耳球，洗瓶，胶头滴管，烧杯（50 mL，100 mL），试管（10 mL）15 支，试管架，离心试管（10 mL）4 支，量筒（10 mL），玻棒，水浴锅，布氏漏斗（60 mm），抽滤瓶（500 mL），离心机。

2. 试剂 HCl 溶液（0.1 $mol \cdot L^{-1}$，2 $mol \cdot L^{-1}$），HAc 溶液（0.1 $mol \cdot L^{-1}$，0.2 $mol \cdot L^{-1}$，1 $mol \cdot L^{-1}$），NaOH 溶液（0.1 $mol \cdot L^{-1}$），$NH_3 \cdot H_2O$ 溶液（2 $mol \cdot L^{-1}$），$AgNO_3$溶液（0.1 $mol \cdot L^{-1}$），$Al_2(SO_4)_3$溶液（0.1 $mol \cdot L^{-1}$，1 $mol \cdot L^{-1}$），K_2CrO_4溶液（0.1 $mol \cdot L^{-1}$），KI 溶液（0.001 $mol \cdot L^{-1}$，0.1 $mol \cdot L^{-1}$），$MgCl_2$溶液（0.1 $mol \cdot L^{-1}$），NaAc 溶液（0.5 $mol \cdot L^{-1}$、1 $mol \cdot L^{-1}$），NaCl 溶液（0.1 $mol \cdot L^{-1}$，1 $mol \cdot L^{-1}$），Na_2CO_3溶液（0.1 $mol \cdot L^{-1}$，1 $mol \cdot L^{-1}$），$Pb(NO_3)_2$溶液（0.001 $mol \cdot L^{-1}$，0.1 $mol \cdot L^{-1}$），NH_4Cl 固体，Na_3PO_4溶液（0.1 $mol \cdot L^{-1}$），Na_2HPO_4溶液（0.1 $mol \cdot L^{-1}$），NaH_2PO_4溶液（0.1 $mol \cdot L^{-1}$），锌粒，酚酞溶液（1%），pH 试纸等。

四、实验步骤

1. 强弱电解质溶液的比较

(1) 在 2 支试管中分别加入 1 mL 0.1 $mol \cdot L^{-1}$ HCl 溶液或 0.1 $mol \cdot L^{-1}$ HAc 溶液，用 pH 试纸测定两溶液的 pH 值，并与计算值相比较。

(2) 在 2 支试管中分别加入 1 mL 0.1 $mol \cdot L^{-1}$ HCl 溶液或 0.1 $mol \cdot L^{-1}$ HAc 溶液，再分别加入一小颗锌粒（可用砂纸擦去表面的氧化层），观察哪支试管中产生氢气的反应比较剧烈。

2. 同离子效应

(1) 取 2 支试管，各加入 1 mL 蒸馏水，2 滴 2 $mol \cdot L^{-1}$ $NH_3 \cdot H_2O$ 溶液，再加入 1 滴酚酞溶液，混匀，观察溶液颜色的变化。在其中 1 支试管中加入少许 NH_4Cl 固体，摇荡使之溶解，观察溶液的颜色，与另 1 支试管中的溶液进行比较，写出反应方程式，解释现象。

(2) 用 0.2 $mol \cdot L^{-1}$ HAc 溶液代替上述的 $NH_3 \cdot H_2O$ 溶液，加入 1 滴甲基橙，混匀。向其中 1 支试管中加入少许 NaAc 固体，重复步骤(1)。

3. 缓冲溶液的配制和性质

(1) 在一个小烧杯中，加入 1 $mol \cdot L^{-1}$ HAc 和 1 $mol \cdot L^{-1}$ NaAc 溶液各 5 mL，用玻棒搅匀，配制成 HAc-NaAc 缓冲溶液。用 pH 试纸测定该溶液的 pH 值，并与计算值比较。

(2) 取 3 支试管,各加入 3 mL 此缓冲溶液,然后分别加入 5 滴 0.1 $mol \cdot L^{-1}$ HCl 溶液、0.1 $mol \cdot L^{-1}$ NaOH 溶液及蒸馏水,再分别用 pH 试纸测定其 pH 值,与原缓冲溶液的 pH 值进行比较。

4. 盐类的水解及影响因素

(1) 盐类的水解。

①取 3 支试管,分别加入 1 mL 1 $mol \cdot L^{-1}$ Na_2CO_3、NaCl 及 $Al_2(SO_4)_3$ 溶液,用 pH 试纸检验它们的酸碱性。写出水解的离子方程式,并解释之。

②取 3 支试管,分别加入 1 mL 0.1 $mol \cdot L^{-1}$ Na_3PO_4、Na_2HPO_4 及 NaH_2PO_4 溶液,用 pH 试纸检验它们的酸碱性。观察酸式盐是否都呈酸性,写出水解的离子方程式,并解释之。

(2) 影响盐类水解的因素。

①温度的影响:取 2 支试管,分别加入 1 mL 0.5 $mol \cdot L^{-1}$ NaAc 溶液,然后各加入 3 滴酚酞,将其中 1 支试管用水浴加热,观察颜色的变化。

②酸度的影响:取 1 支试管,加入 3 mL 蒸馏水,滴加 1 滴 0.1 $mol \cdot L^{-1}$ $BiCl_3$ 溶液,观察现象,并用 pH 试纸测定溶液的酸碱度。再逐滴加入 2 $mol \cdot L^{-1}$ HCl 溶液,观察有何变化,写出离子反应方程式。

③相互水解:取 2 支试管,分别加入 3 mL 0.1 $mol \cdot L^{-1}$ Na_2CO_3 及 2 mL 0.1 $mol \cdot L^{-1}$ $Al_2(SO_4)_3$ 溶液,先用 pH 试纸测其 pH 值,然后混合,观察有何现象,写出离子反应方程式。

5. 溶度积原理的应用

(1) 沉淀的生成。

①取 1 支试管,加入 1 mL 0.1 $mol \cdot L^{-1}$ $Pb(NO_3)_2$ 溶液,再逐滴加入 1 mL 0.1 $mol \cdot L^{-1}$ KI 溶液,观察是否有沉淀生成?

②另取 1 支试管,加入 1 mL 0.001 $mol \cdot L^{-1}$ $Pb(NO_3)_2$ 溶液,再逐滴加入 1 mL 0.001 $mol \cdot L^{-1}$ KI 溶液,观察是否有沉淀生成。

试以溶度积原理解释以上现象。

(2) 分步沉淀:取 1 支离心试管,加入 3 滴 0.1 $mol \cdot L^{-1}$ NaCl 溶液和 1 滴 0.1 $mol \cdot L^{-1}$ K_2CrO_4 溶液,稀释至 1 mL,摇匀后逐滴加入数滴(1~5 滴以内)0.1 $mol \cdot L^{-1}$ $AgNO_3$ 溶液(边摇边加)。当滴入 $AgNO_3$ 溶液后,摇动使砖红色沉淀转化为白色沉淀较慢时,离心沉淀,观察生成的沉淀的颜色。再往上清液中滴加数滴 0.1 $mol \cdot L^{-1}$ $AgNO_3$ 溶液,观察沉淀的颜色。试根据沉淀颜色的变化,判断哪种离子先沉淀。

(3) 沉淀的溶解:取 1 支试管,加入 2 mL 0.1 $mol \cdot L^{-1}$ $MgCl_2$ 溶液,然后加入数滴 2 $mol \cdot L^{-1}$ $NH_3 \cdot H_2O$ 溶液,观察沉淀的生成。再向此溶液中加入少量 NH_4Cl 固体,摇荡,观察沉淀是否溶解。

(4) 沉淀的转化:取 1 支离心试管,加入 0.1 $mol \cdot L^{-1}$ $Pb(NO_3)_2$ 和 0.1 $mol \cdot L^{-1}$ NaCl 溶液各 10 滴。离心分离,弃去上清液,向沉淀中滴加数滴 0.1 $mol \cdot L^{-1}$ KI 溶

NOTE

液，振荡，观察沉淀的颜色变化。

五、注意事项

（1）用 pH 试纸检测溶液的 pH 值时，将一小片试纸放在干净的点滴板上，用干净的玻棒蘸取待测液，滴在试纸上，观察颜色的变化。注意不要把试纸直接放入被测试液中测试。

（2）取用液体试液时，严禁将滴瓶中的滴管深入试管内，或用其他滴管到试剂瓶中取试剂，以免污染试剂。取用试剂后，必须把滴管放回原试剂瓶，不要放在实验台上，以免弄混污染试剂。

（3）使用离心机时，注意保持平衡，调整转速不要过快。

（4）操作时注意试剂的用量，否则观察不到现象。

（5）注意将锌粒回收到指定容器中。

六、思考题

（1）同离子效应对弱电解质的解离度有什么影响？

（2）使用离心机时应注意些什么？

（3）沉淀的溶解和转化的条件是什么？

（周　芳）

NOTE

实验四　弱酸解离常数和解离度的测定

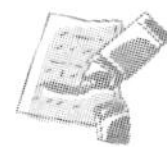

实验预习内容

扫码看 PPT

滴定管的使用，pH 计的使用，解离常数和解离度的概念及意义。

一、目的要求

（1）掌握酸碱滴定的原理及方法。

（2）熟悉醋酸解离度和解离常数的测定方法。

（3）了解 pH 计的使用方法。

二、实验原理

弱酸、弱碱是弱电解质，在水溶液中只有一部分解离，因而溶液中存在解离平衡。

醋酸（CH_3COOH 或 HAc）是弱电解质，在水溶液中存在下列解离平衡：

$$HAc + H_2O \longrightarrow H_3O^+ + Ac^-$$

起始浓度（$mol \cdot L^{-1}$）　　c　　　　0　　0

平衡浓度（$mol \cdot L^{-1}$）　　$c - c\alpha$　　$c\alpha$　　$c\alpha$

若 c 为醋酸的起始浓度，α 为醋酸的解离度，$[H_3O^+]$、$[Ac^-]$、$[HAc]$ 分别为 H_3O^+、Ac^-、HAc 的平衡浓度，K_a 为醋酸的解离常数，则 $[H_3O^+]=[Ac^-]=c\alpha$、$[HAc]=c(1-\alpha)$。

解离度：
$$\alpha=\frac{[H_3O^+]}{c}\times 100\%$$

解离常数：
$$K_a=\frac{[H_3O^+][Ac^-]}{[HAc]}=\frac{c\alpha^2}{1-\alpha}=\frac{[H_3O^+]^2}{c-[H_3O^+]}$$

已知 $pH=-\lg[H_3O^+]$，所以测定得已知浓度的醋酸溶液的 pH 值后，就可求出它的解离度和解离平衡常数。

醋酸的起始浓度 c 的测定采用酸碱滴定法。酸碱滴定法也称中和法，是一种利用酸碱反应进行容量分析的方法。醋酸为有机弱酸，用 NaOH 标准溶液滴定，在化学计量点时溶液呈弱碱性，滴定突跃在碱性范围内，选用酚酞作指示剂。

NOTE

计算公式如下：

$$c_{\mathrm{HAc}}=\frac{c_{\mathrm{NaOH}}\times V_{\mathrm{NaOH}}}{V_{\mathrm{HAc}}}$$

三、仪器与试剂

1. 仪器　容量瓶(50 mL)3 个，移液管(10 mL，25 mL)，烧杯(50 mL、4 个，250 mL)，锥形瓶(250 mL)3 个，试剂瓶(500 mL)，碱式滴定管(50 mL)，pHS-25C 型 pH 计。

2. 试剂　HAc 溶液(17.0 mol·L^{-1})，NaOH 标准液(0.2000 mol·L^{-1})，酚酞指示剂。

四、实验步骤

1. 0.2 mol·L^{-1} HAc 溶液的配制　取 3.0 mL 17.0 mol·L^{-1}冰 HAc 溶液置于 250 mL 烧杯中，加蒸馏水至 250 mL，混合均匀，转移到 500 mL 试剂瓶中待用。

2. 0.2 mol·L^{-1} HAc 溶液浓度的标定　用移液管移取 25.00 mL 上述配制的 HAc 溶液置于锥形瓶中，加 2～3 滴酚酞指示剂，用标准 NaOH 溶液滴定至微红色，至半分钟内不褪色为止。记下所用 NaOH 溶液的体积。再重复上述滴定操作两次，要求三次所消耗 NaOH 溶液的体积相差小于 0.05 mL。根据 NaOH 溶液的浓度和体积，计算 HAc 溶液的准确浓度，将滴定数据和计算结果填入表 2-4-1 中。

3. 配制不同浓度的 HAc 溶液　分别用移液管吸取 25.00 mL、5.00 mL、2.50 mL 已标定准确浓度的 HAc 溶液置于 3 个 50 mL 容量瓶中，用蒸馏水稀释至刻度，摇匀，计算出这 3 瓶 HAc 溶液的准确浓度。

4. 测定不同浓度 HAc 溶液的 pH 值　取稀释后和原液四种不同浓度的 HAc 溶液 25 mL 分别放入 4 个洁净干燥的 50 mL 烧杯中，按由稀到浓的顺序在 pHS-25C 型 pH 计上分别测出它们的 pH 值，记录数据和室温。计算解离度和解离常数，填入表 2-4-2 中。

五、实验数据记录与处理

表 2-4-1　原始 HAc 溶液浓度的标定

用________ mol·L^{-1} NaOH 标准溶液滴定________ mL HAc 溶液

滴定序号		1	2	3
NaOH 标准溶液的用量/mL	初读数			
	末读数			
	实际消耗体积			
	消耗体积平均值			
HAc 溶液的准确浓度/(mol·L^{-1})				

表 2-4-2 HAc 解离度和解离常数的测定

标准缓冲溶液的 pH 值________ 温度________℃

HAc 溶液编号	c	pH 值	$[H^+]$	α	解离常数 $K_a^\ominus$	
					测定值	平均值
1						
2						
3						
4						

注：本实验测定的 K_a 值在 1.0×10^{-5}～2.0×10^{-5} 范围内合格（文献值 1.7×10^{-5}）。

六、注意事项

(1) pH 计的正确使用方法。

(2) 测定 pH 值时，溶液的浓度应从稀到浓。

(3) pH 复合电极使用后应洗净并置于 3 $mol\cdot L^{-1}$ 的饱和氯化钾溶液中。

七、思考题

(1) 测定 HAc 溶液的 pH 值时，为什么要按溶液的浓度从稀到浓的次序进行？

(2) 改变所测 HAc 溶液的浓度和温度，解离度和解离常数有无变化？

（张 倩）

NOTE

实验五　解离平衡和沉淀平衡

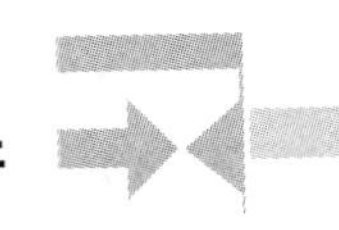

扫码看 PPT

实验预习内容

溶度积规则，同离子效应，沉淀离心分离操作。

一、目的要求

（1）掌握溶度积规则在沉淀的生成和溶解中的运用。

（2）熟悉同离子效应对弱电解质解离平衡和难溶电解质沉淀平衡的影响。

（3）熟悉沉淀离心分离操作方法。

（4）了解盐类的水解规律。

二、实验原理

弱电解质的解离平衡和难溶电解质的沉淀溶解平衡是化学平衡的不同体现。

同离子效应能使弱电解质的解离度降低，从而改变弱电解质溶液的 pH 值。利用同离子效应，共轭弱酸碱对可以组成缓冲溶液，缓冲溶液能抵抗外加少量强酸、强碱或水的适当稀释作用，溶液的 pH 值保持基本不变。

盐的离子与溶液中水解离出的 H^+ 或 OH^- 作用生成弱电解质的反应，称为盐的水解。盐类水解程度的大小主要由盐类的本性决定，此外还受温度、盐的浓度和酸度等因素的影响。盐的水解使盐的水溶液具有不同的酸碱性，利用盐的水解反应可以进行化合物的合成和分离。

在一定温度下，沉淀平衡是难溶电解质与它的饱和溶液中相应离子建立的溶解平衡。

$$A_mB_n(s) \underset{\text{沉淀}}{\overset{\text{溶解}}{\rightleftharpoons}} mA^{n+}(aq) + nB^{m-}$$

$$K_{sp}(A_mB_n) = [A^{n+}]^m [B^{m-}]^n$$

$K_{sp}(A_mB_n)$ 称为溶度积。在一定温度下，A_mB_n 饱和溶液中，$K_{sp}(A_mB_n)$ 为一常数。

将任意溶液中实际离子浓度的幂次方乘积定义为离子积，用 IP 表示。

$$IP = [A^{n+}]^m_{\text{实际}} [B^{m-}]^n_{\text{实际}}$$

NOTE

离子积 IP 与溶度积 K_{sp}之间有以下关系，称溶度积规则：①IP＞K_{sp}，过饱和溶液，析出沉淀；②IP＝K_{sp}，饱和溶液，沉淀溶解平衡；③IP＜K_{sp}，不饱和溶液，沉淀溶解。

所以，增加沉淀剂离子浓度，使 IP＞K_{sp}即可析出沉淀；减少溶液中离子的浓度，使其 IP＜K_{sp}即可使沉淀溶解。常见的沉淀溶解方法：①生成弱电解质；②生成配合物；③发生氧化还原反应。

在一定条件下，如果溶液中含有多种离子，且都能与所加沉淀剂反应生成沉淀，形成沉淀物的溶解度又相差较大，在这种情况下向溶液中缓缓加入沉淀剂，IP 先达到 K_{sp}的化合物首先析出，当它沉淀完全（$c \leqslant 10^{-5}$ mol · L^{-1}），另一种化合物开始沉淀，这种先后沉淀的过程称为分步沉淀。分步沉淀可用于离子的分离。

在含有沉淀的溶液中，加入适当的试剂，使其与某一离子结合生成另一种沉淀，这一过程称为沉淀的转化。利用沉淀的转化原理，在工业废水处理过程中，常用较易溶解的难溶电解质作为沉淀剂除去有害的重金属离子。

三、仪器与试剂

1. 仪器 试管（10 mL）10 支，试管夹，离心试管（10 mL）6 支，酒精灯，烧杯（100 mL），烧杯（50 mL）2 个，pH 计，移液管（5 mL），量筒（10 mL）。

2. 试剂 pH 试纸，HCl 溶液（6 mol · L^{-1}、0.1 mol · L^{-1}），HAc 溶液（0.1 mol · L^{-1}），蒸馏水，NaOH 溶液（0.2 mol · L^{-1}、0.1 mol · L^{-1}），溴甲酚绿-甲基橙混合指示剂，NH_4Ac 固体，酚酞指示剂，NaAc 溶液（0.5 mol · L^{-1}），NH_4Cl 溶液（0.5 mol · L^{-1}），NH_4Ac 溶液（0.5 mol · L^{-1}），NaCl 溶液（1 mol · L^{-1}、0.5 mol · L^{-1}、0.1 mol · L^{-1}），Na_2CO_3 溶液（0.5 mol · L^{-1}），$Al_2(SO_4)_3$ 溶液（0.5 mol · L^{-1}），$Bi(NO_3)_3$（AR，固体），HNO_3 溶液（6 mol · L^{-1}），$NaHCO_3$ 溶液（0.5 mol · L^{-1}），$Pb(NO_3)_2$溶液（0.1 mol · L^{-1}、0.01 mol · L^{-1}），K_2CrO_4 溶液（0.5 mol · L^{-1}、0.1 mol · L^{-1}），PbI_2（饱和溶液），KI 溶液（0.1 mol · L^{-1}、0.01 mol · L^{-1}），Na_2S 溶液（2 mol · L^{-1}、0.1 mol · L^{-1}），$AgNO_3$溶液（0.1 mol · L^{-1}），$(NH_4)_2C_2O_4$溶液（0.5 mol · L^{-1}），氨水（6 mol · L^{-1}、0.1 mol · L^{-1}），$MgCl_2$溶液（0.2 mol · L^{-1}）。

四、实验步骤

1. 酸碱溶液的 pH 值 用 pH 试纸测定 0.10 mol · L^{-1} HCl 溶液、0.10 mol · L^{-1} HAc 溶液、蒸馏水、0.10 mol · L^{-1} NaOH 溶液、0.10 mol · L^{-1} $NH_3 \cdot H_2O$ 溶液的 pH 值并与计算值相比较，结果填入表 2-5-1。

表 2-5-1 酸碱溶液的 pH 值

pH 值	0.10 mol · L^{-1} HCl 溶液	0.10 mol · L^{-1} HAc 溶液	蒸馏水	0.10 mol · L^{-1} NaOH 溶液	0.10 mol · L^{-1} $NH_3 \cdot H_2O$ 溶液
$pH_{测定}$					
$pH_{计算}$					

2. 同离子效应

(1) 在试管中加入 5 滴 0.10 mol·L^{-1} HAc 溶液和 1 滴溴甲酚绿-甲基橙混合指示剂，摇匀观察溶液颜色。再加入 NH_4Ac 固体少许，振摇使之溶解，观察溶液颜色的变化，解释原因。

(2) 在试管中加入 5 滴 0.10 mol·L^{-1} $NH_3·H_2O$ 溶液和 1 滴酚酞指示剂，摇匀，观察溶液颜色。再加入少许 NH_4Ac 固体，振摇使之溶解，观察溶液颜色有何变化，解释原因。

3. 盐类的水解及其影响因素

(1) 盐溶液的 pH 值：用 pH 试纸分别测 0.5 mol·L^{-1} NaAc 溶液、0.5 mol·L^{-1} NH_4Cl 溶液、0.5 mol·L^{-1} NH_4Ac 溶液、0.5 mol·L^{-1} NaCl 溶液、0.5 mol·L^{-1} Na_2CO_3 溶液和 0.5 mol·L^{-1} $Al_2(SO_4)_3$ 溶液的 pH 值，并与计算值相比较，将有关数据填入表 2-5-2，并写出水解方程式。

表 2-5-2 盐溶液的 pH 值

盐溶液	pH 计算值	pH 测定值	解释(写出水解方程式)
0.5 mol·L^{-1} NaAc			
0.5 mol·L^{-1} NH_4Cl			
0.5 mol·L^{-1} NH_4Ac			
0.5 mol·L^{-1} NaCl			
0.5 mol·L^{-1} Na_2CO_3			
0.5 mol·L^{-1} $Al_2(SO_4)_3$			

(2) 温度对水解平衡的影响：在试管中加入 0.5 mol·L^{-1} NaAc 溶液 1 mL 和 1 滴酚酞指示剂，加热后观察溶液颜色的变化，并解释。

(3) 溶液酸度对水解平衡的影响：在试管中加米粒大的 $Bi(NO_3)_3$ 固体，再加少量水，摇匀后观察现象。然后往试管中加 6 mol·L^{-1} HCl 溶液至沉淀完全溶解，再用水稀释观察有何变化，解释有关现象。

(4) 在试管中加入 0.5 mol·L^{-1} $Al_2(SO_4)_3$ 溶液 1 mL，然后加入 0.5 mol·L^{-1} $NaHCO_3$ 溶液 1 mL，观察实验现象。用水解平衡观点解释，写出反应方程式并列举该反应在实际中的应用。

4. 沉淀的生成和同离子效应

(1) 在试管中加 5 滴 0.1 mol·L^{-1} $Pb(NO_3)_2$ 溶液，加入等量 0.1 mol·L^{-1} K_2CrO_4 溶液，观察实验现象。

(2) 在试管中加 5 滴 0.1 mol·L^{-1} $Pb(NO_3)_2$ 溶液，加入等量 0.1 mol·L^{-1} Na_2S 溶液，观察实验现象。

(3) 在试管中加入 5 滴 0.1 mol·L^{-1} $Pb(NO_3)_2$ 溶液和 5 滴 0.1 mol·L^{-1} KI 溶

液;在另一试管中加入5滴0.01 $mol \cdot L^{-1}$ $Pb(NO_3)_2$溶液和5滴0.01 $mol \cdot L^{-1}$ KI溶液,观察并解释现象。

(4) 在两份PbI_2饱和溶液中,分别滴加0.1 $mol \cdot L^{-1}$ KI溶液和0.1 $mol \cdot L^{-1}$ $Pb(NO_3)_2$溶液,观察并解释现象。

5. 沉淀的溶解

(1) 分别用5滴1 $mol \cdot L^{-1}$ $MgCl_2$溶液和5滴6 $mol \cdot L^{-1}$ $NH_3 \cdot H_2O$溶液制得两份沉淀溶液。向一份中加入6 $mol \cdot L^{-1}$ HCl,另一份中加入NH_4Cl饱和溶液至沉淀溶解,观察并解释现象。

(2) 在离心试管中加入5滴0.1 $mol \cdot L^{-1}$ $AgNO_3$溶液,逐滴加入0.1 $mol \cdot L^{-1}$ NaCl溶液,观察沉淀的生成,将其离心分离后,弃去上清液,再往试管中逐滴滴加6 $mol \cdot L^{-1}$ $NH_3 \cdot H_2O$溶液,边滴加边振荡,观察现象并加以解释。

(3) 在离心试管中加入5滴0.1 $mol \cdot L^{-1}$ $Pb(NO_3)_2$溶液和5滴0.1 $mol \cdot L^{-1}$ Na_2S溶液。离心沉降,弃去上清液。用蒸馏水洗涤沉淀一次,离心沉降,弃去上清液。加入0.5 mL 6 $mol \cdot L^{-1}$ HNO_3,将试管在水浴中加热,观察现象并加以解释。

6. 分步沉淀 在试管中加入10滴0.1 $mol \cdot L^{-1}$ NaCl溶液和5滴0.1 $mol \cdot L^{-1}$ K_2CrO_4溶液,振荡混匀,然后逐滴加入0.1 $mol \cdot L^{-1}$ $AgNO_3$溶液,观察生成沉淀的颜色及变化并加以解释。

7. 沉淀的转化

(1) 在试管中加入10滴0.1 $mol \cdot L^{-1}$ $AgNO_3$溶液和10滴0.1 $mol \cdot L^{-1}$ K_2CrO_4溶液,然后滴加0.1 $mol \cdot L^{-1}$ NaCl溶液10滴,观察现象并加以解释。

(2) 在试管中滴加5滴0.1 $mol \cdot L^{-1}$ $Pb(NO_3)_2$溶液和2滴1 $mol \cdot L^{-1}$ NaCl溶液,再加入1滴0.1 $mol \cdot L^{-1}$ KI溶液和3滴0.5 $mol \cdot L^{-1}$ $(NH_4)_2C_2O_4$溶液,再逐滴加0.5 $mol \cdot L^{-1}$ K_2CrO_4溶液、2 $mol \cdot L^{-1}$ Na_2S溶液。逐步观察并解释实验中出现的现象。

8. 氢氧化镁溶度积的预测 取50 mL烧杯1个,加0.2 $mol \cdot L^{-1}$ $MgCl_2$溶液25 mL,烧杯底部衬一黑纸。在$MgCl_2$溶液中逐滴加入0.2 $mol \cdot L^{-1}$ NaOH溶液,并不断搅拌,直到开始有沉淀产生,即停止滴加NaOH溶液(NaOH溶液不能过量),静置,用pH试纸测定上清液的pH值,计算$[OH^-]$和K_{sp}。

五、注意事项

(1) 用pH试纸检测溶液的pH值时,试纸不能直接放入测试液中。

(2) 使用离心机前,注意机内离心管保持平衡,调整转速逐渐变大,控制最高转速和分离时间。

(3) 分步沉淀实验中注意控制滴加速度,要边滴边振荡试管。

六、思考题

（1）与本实验相关的计算公式有哪些？

（2）简述沉淀生成和溶解的条件。

（3）在配制 $Bi(NO_3)_3$ 溶液时应该注意什么问题？还能找出类似的盐类吗？

（李文戈）

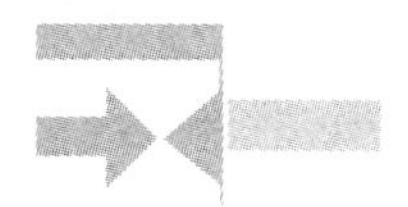

实验六　$PbCl_2$溶度积的测定

实验预习内容

难溶电解质的溶度积，酸碱滴定操作。

扫码看 PPT

一、目的要求

（1）掌握溶度积的概念，溶解度和溶度积的换算。

（2）熟悉离子交换树脂的原理及应用，酸碱滴定操作。

（3）了解用离子交换法测定难溶电解质溶度积的原理和方法，微型实验方法。

二、实验原理

二氯化铅（$PbCl_2$）是难溶电解质。在其过饱和溶液中，有如下溶解-沉淀平衡：

$$PbCl_2(s) \rightleftharpoons Pb^{2+}(aq) + 2Cl^-(aq)$$

故其溶度积为

$$K_{sp}(PbCl_2) = c_{Pb^{2+}} \cdot c_{Cl^-}^2 = c_{Pb^{2+}} \cdot (2c_{Pb^{2+}})^2 = 4c_{Pb^{2+}}^3$$

测定难溶电解质溶度积的方法通常有电化学法、电池电动势法、可见分光光度法、离子交换法和电导率法等。本实验利用离子交换树脂与饱和 $PbCl_2$溶液进行离子交换，来测定 $PbCl_2$溶液中 Pb^{2+} 的浓度，从而计算其溶度积。

离子交换树脂是分子中含有活性基团并且能与其他物质进行离子交换的高分子化合物，往往是人工合成的不溶于水的固态物质。它具有网状骨架结构，其骨架结构上含有的许多活性基团可以与溶液中的阳离子或阴离子进行选择性的离子交换。含有酸性基团，能与其他物质交换阳离子的称为阳离子交换树脂；含有碱性基团，能与其他物质交换阴离子的称为阴离子交换树脂。例如，目前应用广泛的聚苯乙烯磺酸型阳离子交换树脂就是苯乙烯和一定量的二乙烯苯的共聚物，经浓硫酸处理，在共聚物的苯环上引入磺酸基（$—SO_3H$）而成。它是强酸型阳离子交换树脂，用 $R—SO_3H$ 表示，R 代表共聚物母体。其中的 H^+ 可以与溶液中的金属离子（例如 Na^+）进行交换：

$$R—SO_3H + Na^+ \rightleftharpoons R—SO_3Na + H^+$$

如果往共聚物的网状骨架中引入各种胺基就得到阴离子交换树脂。例如，季铵盐型强碱性阴离子交换树脂（用 $R—NH_3X$ 表示），其中的阴离子可以与溶液中的阴离子（例如 Cl^-）进行交换：

$$R—NH_3X+Cl^- \rightleftharpoons R—NH_3Cl+X^-$$

本实验采用的是 732 强酸型阳离子交换树脂，这种树脂出厂时一般是钠型，其活性基团为 $—SO_3^-Na^+$，若用 H^+ 将 Na^+ 交换下来即得氢型树脂。

测定 $PbCl_2$ 饱和溶液中的铅离子浓度时，发生如下离子交换反应：

$$2R—SO_3H+Pb^{2+} \rightleftharpoons (R—SO_3)_2Pb+2H^+$$

经过交换后，流出液变成了盐酸溶液。用已知浓度的 NaOH 溶液滴定流出液。根据滴定消耗的 NaOH 溶液的体积及浓度即可计算出 $PbCl_2$ 饱和溶液的浓度，从而推算出 $K_{sp}(PbCl_2)$。

设 c_{NaOH} 为 NaOH 的浓度，V_{NaOH} 为滴定时所消耗 NaOH 的体积，V_{PbCl_2} 为所取用 $PbCl_2$ 饱和溶液的体积。

$$n_{OH^-}=n_{H^+}=2n_{Pb^{2+}}$$

$$c_{NaOH} \cdot V_{NaOH}=2c_{Pb^{2+}} \cdot V_{Pb^{2+}}$$

可得：

$$c_{Pb^{2+}}=\frac{1}{2} \cdot \frac{c_{NaOH} \cdot V_{NaOH}}{V_{Pb^{2+}}}$$

代入溶度积计算公式得到 $PbCl_2$ 的溶度积：

$$K_{sp}(PbCl_2)=c_{Pb^{2+}} \cdot c_{Cl^-}^2=4c_{Pb^{2+}}^3=\frac{1}{2} \cdot \left(\frac{c_{NaOH} \cdot V_{NaOH}}{V_{Pb^{2+}}}\right)^3$$

三、仪器与试剂

1. 仪器 离子交换柱（直径 20 mm、长 300 mm）1 支，移液管（10 mL）1 支（配套移液管架和洗耳球），烧杯（50 mL、200 mL）各 1 个，碱式滴定管（50 mL）1 支，锥形瓶（150 mL）3 个，量筒（50 mL）1 个，玻棒 1 根，温度计（量程 0～100 ℃）1 支，玻璃纤维（或脱脂棉）。

2. 试剂 $PbCl_2$ 饱和溶液，NaOH 溶液（0.0500 $mol \cdot L^{-1}$），HNO_3 溶液（2 $mol \cdot L^{-1}$），溴百里酚蓝，pH 试纸，732 强酸型阳离子交换树脂（16～50 目），HCl 溶液（2 $mol \cdot L^{-1}$）。

四、实验步骤

1. 饱和二氯化铅溶液的配制 将过量二氯化铅固体加入盛有已去除二氧化碳的蒸馏水的烧杯中，加热煮沸，充分搅拌，冷却后取上层清液即得二氯化铅饱和溶液。测量溶液温度。

2. 离子交换树脂的转型 为了保证 Pb^{2+} 能完全交换出 H^+，必须将钠型完全转变为氢型，否则将使实验结果偏低。可以称取 15 g 强酸型阳离子交换树脂，用适量

2 mol·L^{-1} HCl 溶液浸泡(让溶液漫过树脂)一昼夜。

3. 装柱 在离子交换柱的底部填入少量玻璃纤维；在交换柱中注入去离子水达到柱子的三分之一高度，排除掉柱内和尖嘴中的空气。然后将浸泡好的阳离子交换树脂带水(搅匀呈糊状)倾入交换柱使树脂自然沉下，同时将多余的水自尖嘴排出，至树脂充填紧实且树脂上部残留的水达 0.5 cm 为止。在操作过程中，树脂要一直保持被水浸没，防止水流干而有气泡进入树脂间隙。如果树脂层中进入了空气会产生缝隙，使交换效果降低。在这种情况下就需要重新装柱。用 50 mL 去离子水淋洗树脂直到流出液呈中性(pH 试纸检验)。

4. 交换和洗涤 测量并记录 $PbCl_2$ 饱和溶液的温度。用移液管准确量取 25.00 mL $PbCl_2$ 饱和溶液放入装离子交换树脂的交换柱中，调节螺丝夹使溶液通过离子交换柱。控制流出速度为每分钟 20～25 滴，用洁净的锥形瓶承接流出液。待树脂上端仅剩余约 0.5 cm 高的液体时，用约 50 mL 蒸馏水分批洗涤离子交换树脂，以保证所有被交换出的 H^+ 被淋洗出来。流出液全部承接在锥形瓶中，在交换和淋洗过程中注意勿使流出液损失。

5. 滴定 往锥形瓶里的洗出液中加入 1～2 滴溴百里酚蓝指示剂，用 NaOH 标准溶液滴定，溶液由黄色转为鲜明的绿色即为滴定终点。记下滴定前后滴定管中 NaOH 标准溶液的读数，计算 $PbCl_2$ 的溶解度及溶度积。

6. 再生 用量筒量取 40 mL 2 mol·L^{-1} 的不含 Cl^- 的 HNO_3 溶液，以每分钟 25～30 滴的流速流过上述离子交换柱，把吸附在树脂上的 Pb^{2+} 置换下来，使树脂全部变成 H^+ 型。然后用蒸馏水(50～70 mL)淋洗树脂，直到流出液的 pH 值为 6～7。

五、实验数据记录与处理

记录并计算相关数据，填入表 2-6-1。

表 2-6-1 $K_{sp}(PbCl_2)$ 的测定实验数据

项目	1	2	3
V_{PbCl_2}/mL	25.00	25.00	25.00
$V_{NaOH始}$/mL			
$V_{NaOH终}$/mL			
V_{NaOH}/mL			
$c_{Pb^{2+}}$/(mol·L^{-1})			
$K_{sp}(PbCl_2)$			
温度/℃			
相对平均偏差			

六、注意事项

(1) 交换前流出液的 pH 值一定要与洗涤的去离子水的 pH 值一致。

NOTE

（2）实验过程中要注意交换树脂上面一直要有足够的溶液或水。

（3）收集流出液时注意不能有损失。在收集到约 100 mL 时测 pH 值，有些学生测 pH 值过于频繁。

（4）配制好的 $PbCl_2$ 饱和溶液底部有 $PbCl_2$ 固体，因此，用移液管吸取溶液时，移液管不要接触下面的固体，尤其不能摇晃盛放溶液的试剂瓶，以免细小晶粒泛上来。

（5）$PbCl_2$ 难溶于冷水，微溶于热水，而且它是易水解的强酸弱碱盐，为抑制水解作用，在配制溶液时需用加热煮沸过的蒸馏水，以除去水中溶解的二氧化碳。

七、思考题

（1）为什么要准确移取 $PbCl_2$ 溶液的体积？为什么要将淋洗液也合并到盛 $PbCl_2$ 交换流出液的锥形瓶中？

（2）离子交换法测定 $PbCl_2$ 的溶度积时，实验中影响其准确度的因素有哪些？

（3）在进行离子交换的操作过程中，为什么一定要控制流出液的速度？交换柱中树脂层内为何不能有气泡？如何避免气泡进入？

（4）为什么在离子交换前以及交换、洗涤后的流出液均需呈中性？若流出液 pH 值均为 3，对实验结果有无影响？

（5）如果要过滤带有沉淀的 $PbCl_2$ 饱和溶液，所用的玻璃仪器是否需要干燥？为什么？

（陈莲惠）

NOTE

实验七 酸、碱标准溶液的配制与标定

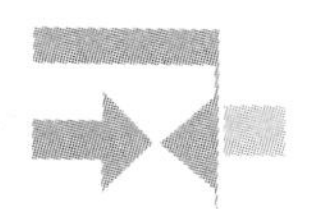

实验预习内容

扫码看 PPT

酸式滴定管、碱式滴定管和分析天平的使用方法，溶液的配制方法，差减法称量，指示剂变色原理和终点颜色的判断。

一、目的要求

（1）掌握酸、碱标准溶液的配制及标定方法。

（2）熟悉移液管、滴定管、容量瓶的使用方法，甲基橙、酚酞指示剂终点颜色的变化。

（3）了解指示剂变色原理和选择指示剂的方法。

二、实验原理

常用的酸标准溶液多为盐酸溶液，碱标准溶液多为 NaOH 溶液。由于盐酸易挥发且杂质含量较高，NaOH 容易吸收空气中的 CO_2 和水，因此不能用直接法配制成标准溶液，只能采用间接法进行配制，用基准物质标定其准确浓度。

标定 HCl 溶液时，常用无水碳酸钠和硼砂作基准物质。采用无水碳酸钠为基准物质标定时，先于 180 ℃干燥 2～3 h，可用甲基橙或甲基红作指示剂。标定反应如下：

$$Na_2CO_3+2HCl \longrightarrow 2NaCl+H_2O+CO_2\uparrow$$

标定 NaOH 溶液时，常用邻苯二甲酸氢钾和草酸作基准物质。采用邻苯二甲酸氢钾为基准物质进行标定时，常于 100～125 ℃时干燥 2 h 备用。由于滴定后溶液 pH 值为 8～9，可选用酚酞作指示剂。标定反应如下：

$$KHC_8H_4O_4+NaOH \longrightarrow KNaC_8H_4O_4+H_2O$$

标定计算结果：

$$c(HCl)=\frac{2m(Na_2CO_3)\times 1000}{M(Na_2CO_3)V(HCl)}$$

$$c(NaOH)=\frac{m(KHC_8H_4O_4)\times 1000}{M(KHC_8H_4O_4)V(NaOH)}$$

三、仪器与试剂

1. 仪器 分析天平，称量瓶，酸式滴定管(50 mL)，碱式滴定管(50 mL)，锥形瓶(250 mL)3个，容量瓶(100 mL)，移液管(25 mL)，烧杯(100 mL、500 mL)各2个，量筒(10 mL、50 mL)，洗耳球，玻棒。

2. 试剂 浓 HCl(12 mol·L^{-1})，NaOH(s，AR级)，无水 Na_2CO_3(s，AR级)，邻苯二甲酸氢钾(s，AR级)，甲基橙水溶液(0.2%)，酚酞乙醇溶液(0.2%)。

四、实验步骤

1. 酸、碱溶液的配制

①0.2 mol·L^{-1} HCl溶液：用洁净的量筒取8.3 mL浓HCl倒入烧杯中，并用蒸馏水稀释至500 mL，储存于玻璃塞试剂瓶中，充分摇匀备用。

②0.2 mol·L^{-1} NaOH溶液：称取4.00 g NaOH于烧杯中，加入刚煮沸过的蒸馏水溶解，并稀释至500 mL，储存于橡胶塞试剂瓶中，充分摇匀备用。

2. 酸、碱溶液的标定

①HCl溶液的标定：用差减法称取0.2～0.3 g Na_2CO_3三份，分别置于250 mL的锥形瓶中，各加入30 mL蒸馏水溶解，加入1～2滴甲基橙指示剂，用待标定的HCl溶液滴定。溶液由黄色变为橙色即为滴定终点，记录所消耗的HCl溶液的体积。

②NaOH溶液的标定：用差减法称取0.8～1.2 g邻苯二甲酸氢钾三份，分别置于250 mL的锥形瓶中，各加入30 mL蒸馏水溶解，加入1～2滴酚酞指示剂，用待标定的NaOH溶液滴定。溶液由无色变为微红色，并在30 s内不褪色，即为滴定终点，记录所消耗的NaOH溶液的体积。

五、实验数据记录与处理

实验数据填入表2-7-1与表2-7-2中。

表2-7-1 HCl标准溶液的标定实验数据

项目	1	2	3
$m(Na_2CO_3)$/g			
$M(Na_2CO_3)$/(g·mol^{-1})			
$V_{起始}$(HCl)/mL			
$V_{终点}$(HCl)/mL			
ΔV(HCl)/mL			
c(HCl)/(mol·L^{-1})			
c(HCl)平均值/(mol·L^{-1})			
偏差			
相对平均偏差			

NOTE

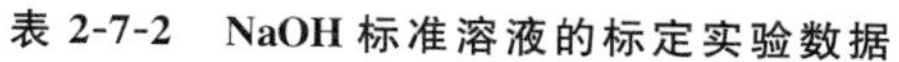

表 2-7-2 NaOH 标准溶液的标定实验数据

项目	1	2	3
$m(KHC_8H_4O_4)/g$			
$M(KHC_8H_4O_4)/(g \cdot mol^{-1})$			
$V_{起始}(NaOH)/mL$			
$V_{终点}(NaOH)/mL$			
$\Delta V(NaOH)/mL$			
$c(NaOH)/(mol \cdot L^{-1})$			
$c(NaOH)$平均值$/(mol \cdot L^{-1})$			
偏差			
相对平均偏差			

六、注意事项

(1) 在标定 HCl 溶液时，由于反应中产生 H_2CO_3，使滴定突跃不明显，因此，在接近滴定终点前，可加热溶液至沸赶走 CO_2，冷却后再继续滴定。

(2) 在标定 NaOH 溶液时，滴定终点时溶液保持 30 s 不褪色即可，若较长时间后微红色慢慢褪去，则是因为溶液吸收了空气中的 CO_2 所致。

(3) 在滴定过程中应注意半滴加入法的使用。

七、思考题

(1) 什么样的物质才可以作为标定的基准物质？

(2) 实验中为什么要求称取 0.2～0.3 g Na_2CO_3 和 0.8～1.2 g 邻苯二甲酸氢钾，若称量过多或过少会引起什么问题？

(3) 在滴定过程中，向锥形瓶中加入少量蒸馏水，是否会对滴定结果产生影响？

（胡密霞）

实验八　双氧水中过氧化氢含量测定（直接高锰酸钾法）

扫码看 PPT

实验预习内容

酸式滴定管的使用，高锰酸钾($KMnO_4$)的化学性质。

一、目的要求

(1) 掌握用高锰酸钾法测定双氧水中过氧化氢(H_2O_2)的含量。

(2) 熟悉用草酸钠作为基准物质标定 $KMnO_4$ 溶液浓度的原理和方法。

(3) 了解 $KMnO_4$ 标准溶液的配制。

二、实验原理

高锰酸钾法是指用 $KMnO_4$ 溶液作为标准溶液进行滴定的氧化还原分析法。$KMnO_4$ 是一种强氧化剂(在酸性溶液中其氧化性更强)，其电极反应为 $MnO_4^- + 8H^+ + 5e \longrightarrow Mn^{2+} + 4H_2O$，标准电极电势为 $\varphi^\ominus = 1.507$ V。

这一反应可直接或间接地测定许多还原性物质的含量。

高锰酸钾法的滴定反应是在硫酸溶液中进行的。硝酸有氧化性，盐酸有还原性，均不宜用来调节溶液的酸度。硫酸的适宜浓度为 0.5～1 $mol \cdot L^{-1}$，若酸的浓度过高会引起 $KMnO_4$ 的分解：

$$4MnO_4^- + 12H^+ \longrightarrow 4Mn^{2+} + 5O_2 \uparrow + 6H_2O$$

若酸的浓度过低，反应速度会减慢，而且同时会产生褐色的 MnO_2 沉淀，不能进行滴定反应。

市售的 $KMnO_4$ 试剂中常含有二氧化锰、氯化物、硫酸盐、硝酸盐等杂质，不能直接配制成标准溶液。另外由于其氧化能力强，易与水中的有机杂质、空气中的尘埃等还原性物质作用，且见光易分解，因此，配制时应加热煮沸或用新煮沸的冷蒸馏水溶解，并装入棕色试剂瓶中保存于暗处。

标定 $KMnO_4$ 溶液的一级标准物质有草酸钠($Na_2C_2O_4$)、草酸($H_2C_2O_4 \cdot 2H_2O$)、三氧化二砷(As_2O_3)等，由于草酸钠易于提纯、不含结晶水、无吸水性，尤为

常用。

在 H_2SO_4 溶液中，$KMnO_4$ 与 $Na_2C_2O_4$ 的反应为

$$2MnO_4^- + 5C_2O_4^{2-} + 16H^+ \longrightarrow 2Mn^{2+} + 10CO_2\uparrow + 8H_2O$$

反应在 75～80 ℃、有 Mn^{2+} 作催化剂的条件下进行，开始滴定时反应较慢，$KMnO_4$ 溶液必须逐滴加入；在滴定过程中，溶液中逐渐有 Mn^{2+} 生成，使反应速度加快，滴定速度可稍加快，但勿使 $KMnO_4$ 溶液以线状流下，否则在热酸性溶液中，$KMnO_4$ 来不及与 $C_2O_4^{2-}$ 反应就发生分解：

$$4MnO_4^- + 12H^+ \longrightarrow 4Mn^{2+} + 5O_2\uparrow + 6H_2O$$

由于高锰酸钾溶液本身具有颜色，当反应到达计量点时，$KMnO_4$ 溶液稍过量溶液即成粉红色，故不需另加指示剂。

在酸性溶液中，$KMnO_4$ 能将 H_2O_2 氧化而本身却被还原，反应如下：

$$2MnO_4^- + 5H_2O_2 + 6H^+ \longrightarrow 2Mn^{2+} + 5O_2\uparrow + 8H_2O$$

由于 H_2O_2 受热易分解，滴定必须在室温条件下进行。

质量浓度 $\rho(H_2O_2)$ 为 25～35 g·L^{-1} 的双氧水是医药上常用的消毒剂。市售的双氧水 $\rho(H_2O_2)$ 为 30 g·L^{-1} 或 300 g·L^{-1}，极其不稳定，滴定前需先用蒸馏水稀释到一定质量浓度，以减少取样误差。

三、仪器与试剂

1. 仪器　分析天平，洗瓶，砂芯漏斗，酸式滴定管(25 mL)，移液管(1 mL，20 mL，25 mL)，烧杯(50 mL，500 mL)，容量瓶(250 mL，1000 mL)，量筒(10 mL)，锥形瓶(250 mL)3 个，棕色试剂瓶(250 mL)2 个。

2. 试剂　硫酸溶液(3 mol·L^{-1})，市售 30% 双氧水，$KMnO_4$(固体)，$Na_2C_2O_4$(固体，在 105～110 ℃烘干 2 h 备用)。

四、实验步骤

1. $KMnO_4$ 溶液的配制　称取约 0.2 g $KMnO_4$ 固体，放入 500 mL 的烧杯中，加蒸馏水 250 mL，加热搅拌至固体全部溶解，待溶液冷却后倒入棕色试剂瓶中，摇匀、塞紧，放在暗处静置 7～10 d，然后用砂芯漏斗过滤(或用虹吸管吸出上层溶液)，滤液移入另一洁净的棕色试剂瓶中，摇匀，置于暗处备用。

2. $Na_2C_2O_4$ 标准溶液的配制　在分析天平上准确称量一级标准物质 $Na_2C_2O_4$ 0.35～0.40 g (准确至 0.1 mg)置于小烧杯中，先用约 20 mL 的蒸馏水溶解，然后转移于 250 mL 容量瓶中，用蒸馏水洗涤小烧杯 2～3 次，洗液全部转入容量瓶中，加蒸馏水至刻度线，充分摇匀。

3. $KMnO_4$ 溶液浓度的标定　用移液管吸取 $Na_2C_2O_4$ 标准溶液 25.00 mL，移入 250 mL 锥形瓶中，加入 10 mL H_2SO_4 溶液(3 mol·L^{-1})，将溶液加热到有蒸汽冒出(75～80 ℃)，但不能煮沸。在不断摇动下，用 $KMnO_4$ 溶液滴定，待第一滴紫红色褪

去后再滴第二滴，滴定速度可逐渐加快，但不能使 $KMnO_4$ 溶液成线状流下。当滴定反应快要到达计量点时，紫红色褪去很慢，应减慢滴定速度，并不断摇匀，直到溶液呈浅红色且在 30 s 内不褪色，即为滴定终点。记录滴定结果，重复上述操作两次，计算 $KMnO_4$ 溶液的准确浓度。计算公式如下：

$$c(KMnO_4)=\frac{2c(Na_2C_2O_4)\times V(Na_2C_2O_4)}{5V(KMnO_4)}$$

$$c(KMnO_4)=\frac{2W\times\frac{V_2}{V_1}}{5V(KMnO_4)\times M(Na_2C_2O_4)}$$

式中，W 为 $Na_2C_2O_4$ 的质量，$M(Na_2C_2O_4)$ 为 134.00 $g\cdot mol^{-1}$，V_1 为配制的 $Na_2C_2O_4$ 标准溶液的总体积，V_2 为滴定时吸取的 $Na_2C_2O_4$ 标准溶液的体积，$V(KMnO_4)$ 为滴定时用去的 $KMnO_4$ 溶液的体积，$V(Na_2C_2O_4)$ 为滴定时用去的 $Na_2C_2O_4$ 溶液的体积。

4. 双氧水中 H_2O_2 含量的测定

(1) 待测双氧水试样的配制：用移液管移取 1.00 mL 市售 30% 的双氧水试样于 1000 mL 容量瓶中，加蒸馏水稀释至刻度线，充分摇匀，即为待测溶液。

(2) 双氧水试样中 H_2O_2 含量的测定：用移液管移取 20.00 mL 待测溶液于 250 mL 锥形瓶中，加 8 mL 3 $mol\cdot L^{-1}$ 的 H_2SO_4 溶液，混匀，然后用 $KMnO_4$ 标准溶液滴定至浅红色，且浅红色在 30 s 内不褪去，即达滴定终点，记录结果，重复上述操作两次，计算 H_2O_2 的质量浓度。算式如下：

$$\rho(H_2O_2)=\frac{c(KMnO_4)\times V(KMnO_4)\times\frac{5}{2}M(H_2O_2)}{V}$$

式中，$\rho(H_2O_2)$ 为待测双氧水的浓度，V 为每次滴定所用双氧水试样的体积。

五、实验数据记录与处理

1. $KMnO_4$ 溶液的标定 实验数据填入表 2-8-1 中。

表 2-8-1 $KMnO_4$ 溶液的标定数据

项目	1	2	3
$c(Na_2C_2O_4)/(mol\cdot L^{-1})$	25.00	25.00	25.00
$V_{标准}(Na_2C_2O_4)/mL$			
标定初始读数/mL			
标定终点读数/mL			
$V(KMnO_4)/mL$			
$V(KMnO_4)$平均值/mL			
$c(KMnO_4)/(mol\cdot L^{-1})$			

2. 双氧水中 H_2O_2 含量的测定 实验数据填入表 2-8-2 中。

表 2-8-2 双氧水中 H_2O_2 含量的测定数据

项目	1	2	3
$V(H_2O_2)$/mL	20.00	20.00	20.00
滴定初始读数/mL			
滴定终点读数/mL			
$V(KMnO_4)$/mL			
$V(KMnO_4)$平均值/mL			
$c(H_2O_2)/(mol \cdot L^{-1})$			
$\rho(H_2O_2)/(g \cdot L^{-1})$			
市售 H_2O_2的质量分数/(%)			

六、注意事项

(1) 标定 $KMnO_4$溶液时，溶液温度加热至 75～80 ℃，不能煮沸，因为过热会引起草酸分解。在滴定过程中保持溶液温度不低于 60 ℃，温度过低则反应速率太慢。

(2) 开始滴定时反应速率较慢，要缓慢滴加，待溶液中产生了 Mn^{2+} 后，由于 Mn^{2+} 对反应有催化作用，反应速率加快，此时滴定速度可以加快，但也不能太快，临近终点时更要小心地缓慢滴入。

(3) H_2O_2和 H_2SO_4都具有很强的腐蚀性，要小心规范操作。

七、思考题

(1) 用 $Na_2C_2O_4$ 标定 $KMnO_4$ 溶液浓度时，为什么必须在硫酸存在下进行？为什么不能用盐酸或硝酸？

(2) 标定 $KMnO_4$ 溶液时，为什么要将溶液加热至 75～80 ℃后才能滴定？将溶液加热到 90 ℃以上可以吗？为什么？

(3) 用 $KMnO_4$ 溶液测定双氧水中 H_2O_2含量时，为什么不能加热？

(4) 为什么本实验要把市售双氧水稀释后才进行滴定？

(宁军霞)

实验九　阿司匹林片中乙酰水杨酸含量的测定(酸碱滴定法)

扫码看 PPT

实验预习内容

移液管和碱式滴定管的使用，标定 NaOH 溶液的原理和方法。

一、目的要求

(1) 掌握阿司匹林片中乙酰水杨酸含量测定的方法。

(2) 熟悉 NaOH 标准溶液浓度的标定。

(3) 了解用基准物质标定标准溶液浓度的原理和方法。

二、实验原理

浓酸易挥发，碱多含有杂质，所以不能直接配成准确浓度的溶液，只能先配成近似浓度的溶液，再用基准物质或标准溶液确定其准确浓度，该操作过程称为标定。

固体 NaOH 易吸收水和空气中的 CO_2，所以它只能配成近似浓度的溶液。通常用邻苯二甲酸氢钾作为基准物质来测定 NaOH 溶液的准确浓度。NaOH 与邻苯二甲酸氢钾($KHC_8H_4O_4$) 滴定时发生如下反应：

$$C_6H_4(COOH)(COOK) + NaOH \longrightarrow C_6H_4(COONa)(COOK) + H_2O$$

$$M_r(KHC_8H_4O_4)=203.14$$

计量点附近的 pH 值突跃范围为 8.35～9.70，因此可选用变色范围为 8.2～10.0的酚酞作指示剂，指示反应终点。

$$c(\mathrm{NaOH})=\frac{c(\mathrm{KHC_8H_4O_4})\cdot V(\mathrm{KHC_8H_4O_4})}{V(\mathrm{NaOH})}$$

根据邻苯二甲酸氢钾溶液的浓度、体积以及所用的 NaOH 溶液的体积，可计算出 NaOH 溶液的准确浓度。

乙酰水杨酸是阿司匹林片的主要成分。它是芳酸酯类药物，分子结构中含有羧基，在溶液中可解离出 H^+，故可用碱标准溶液直接滴定，其滴定反应为

NOTE

$$C_6H_4(COOH)(OCOCH_3) + NaOH \longrightarrow C_6H_4(COONa)(OCOCH_3) + H_2O$$

$$M_r(C_9H_8O_4)=180.17$$

乙酰水杨酸为中强酸，计量点附近的 pH 值突跃范围为 5.6～10.0，因此可选用酚酞作指示剂，指示反应终点。

在碱性条件下，乙酰水杨酸易水解：

$$C_6H_4(COOH)(OCOCH_3) + 2NaOH \longrightarrow C_6H_4(COONa)(OH) + CH_3COONa + H_2O$$

为了防止酯在水溶液中滴定时水解而使滴定结果偏高，所以，滴定需在中性乙醇中进行。温度升高，酯也易水解，因此，在滴定时需控制温度在 10 ℃以下。

三、仪器与试剂

1. 仪器 分析天平，碱式滴定管（25 mL），容量瓶（250 mL），移液管（20 mL），烧杯（250 mL），锥形瓶（150 mL）3 个，称量瓶（5 mL），量筒（20 mL），玻棒，洗耳球，温度计，研钵。

2. 试剂 NaOH 溶液（0.1 $mol \cdot L^{-1}$），酚酞指示剂（0.1%），邻苯二甲酸氢钾（用前在烘箱内 115～125 ℃烘干 1 h，取出后置于干燥器内保存），阿司匹林片，95%乙醇。

四、实验步骤

1. 邻苯二甲酸氢钾标准溶液的配制 在分析天平上准确称取邻苯二甲酸氢钾 5.0～5.1 g（精确至 0.1 mg），置于 250 mL 的烧杯中，加入适量蒸馏水，搅拌，使邻苯二甲酸氢钾完全溶解，倒入 250 mL 容量瓶中，并用少量蒸馏水洗涤烧杯数次，洗涤液全部倒入容量瓶中，加蒸馏水至标线，充分摇匀。

2. NaOH 溶液的标定 取洁净的碱式滴定管一支，用待标定的 NaOH 溶液 5～10 mL 润洗 2～3 次，然后装入 NaOH 溶液至零刻度线以上，排气泡，调整零点，记录滴定管读数。

取 20 mL 洁净的移液管一支，用邻苯二甲酸氢钾溶液润洗 2～3 次（每次用量不必太多），吸取邻苯二甲酸氢钾溶液 20.00 mL，放于 150 mL 锥形瓶中，加入 0.1%的酚酞指示剂 2 滴，用滴定管将 NaOH 溶液滴入锥形瓶中，随滴即摇。当加入 NaOH 溶液至溶液中的红色消失变慢时，即将到达终点，要放慢滴定速度，直到加入 1 滴 NaOH 溶液后，溶液恰好由无色变为红色，即为滴定终点。记录滴定管读数，前后两次读数之差，即为中和 20 mL 邻苯二甲酸氢钾所消耗的 NaOH 溶液的体积。重复滴定两次（三次滴定结果相对偏差不得超过 0.2%），计算 NaOH 溶液浓度时，取

三次结果的平均值。

3. 阿司匹林片中乙酰水杨酸含量的测定 将阿司匹林片在研钵中研细，然后用分析天平准确称取 0.4 g 阿司匹林粉末（准确至 0.1 mg）置于锥形瓶中，加 20 mL 乙醇使其完全溶解，加 3 滴酚酞指示剂，在不超过 10 ℃的温度下，用 NaOH 的标准溶液滴定，当溶液由无色变为红色时，记下滴定结果。重复滴定两次。

乙酰水杨酸的含量为

$$C_9H_8O_4(\%)=\frac{c(\mathrm{NaOH})\cdot V(\mathrm{NaOH})\cdot \dfrac{M(C_9H_8O_4)}{1000}}{m}\times 100\%$$

式中 m 为所称阿司匹林片的质量。

五、实验数据记录与处理

1. NaOH 溶液的标定 实验数据填入表 2-9-1 中。

表 2-9-1 NaOH 溶液的标定数据

项目	1	2	3
$c(KHC_8H_4O_4)/(\mathrm{mol\cdot L^{-1}})$	20.00	20.00	20.00
$V_{标准}(KHC_8H_4O_4)/\mathrm{mL}$			
标定初始读数/mL			
标定终点读数/mL			
$V(\mathrm{NaOH})/\mathrm{mL}$			
$V(\mathrm{NaOH})$平均值/mL			
$c(\mathrm{NaOH})/(\mathrm{mol\cdot L^{-1}})$			

2. 阿司匹林片中乙酰水杨酸含量的测定 实验数据填入表 2-9-2 中。

表 2-9-2 阿司匹林片中乙酰水杨酸含量的测定数据

项目	1	2	3
m(阿司匹林)/g			
滴定初始读数/mL			
滴定终点读数/mL			
$V(\mathrm{NaOH})/\mathrm{mL}$			
乙酰水杨酸含量/(%)			
乙酰水杨酸含量的平均值/(%)			

六、注意事项

(1) 正确操作移液管，准确移取所需邻苯二甲酸氢钾的体积。

(2) 阿司匹林片要尽量磨得细一些，以便使其完全溶解，减小实验误差。

七、思考题

（1）在滴定分析实验中，滴定管、移液管为什么需要用所装溶液洗涤几次？滴定中使用的锥形瓶或烧杯是否也要用所装溶液润洗？

（2）在此实验中能否选用甲基红作指示剂来指示反应终点？

（3）测定乙酰水杨酸的含量为什么要在中性介质中进行？

（4）本实验中标准溶液的浓度及体积的有效数字应各记为小数点后几位？

（宁军霞）

实验十　水硬度的测定

扫码看 PPT

实验预习内容

滴定法选择指示剂的标准；滴定管的使用方法；水的总硬度、钙硬度和镁硬度。

一、目的要求

（1）掌握配位滴定法测定水硬度的原理和方法。

（2）熟悉铬黑 T 和钙指示剂的使用条件和滴定终点的判断。

（3）了解水硬度的测定意义和常用的硬度表示方法；了解酸度对配位滴定的重要性。

二、实验原理

水的硬度主要是指水中的钙盐和镁盐，因其他金属离子如铁、锰、锌、铝等离子含量甚微，其产生的硬度忽略不计。水的硬度分为暂时硬度和永久硬度。钙、镁的酸式碳酸盐在遇热时生成碳酸盐沉淀而失去硬度，因此称为暂时硬度。但钙、镁的硫酸盐、氯化物、硝酸盐遇热不会沉淀，称为永久硬度。水的总硬度是指暂时硬度和永久硬度的总和，即水中 Ca^{2+} 和 Mg^{2+} 的总量。测定水硬度的标准方法是以 EDTA 为滴定剂的配位滴定法。

总硬度的测定：铬黑 T（以 H_3In 表示）、EDTA（以 H_4Y 表示）与 Ca^{2+} 和 Mg^{2+} 形成配合物的稳定性为 $CaY^{2-} > MgY^{2-} > MgIn^{-} > CaIn^{-}$。在 pH＝10 的 NH_3-NH_4Cl 缓冲溶液中，铬黑 T 先与 Ca^{2+} 和 Mg^{2+} 形成酒红色配合物。

$$\underset{}{Ca^{2+}(Mg^{2+})} + \underset{\text{纯蓝色}}{HIn^{2-}} + OH^{-} \longrightarrow \underset{\text{酒红色}}{CaIn^{-}(MgIn^{-})} + H_2O$$

当滴入 EDTA 时，EDTA 先与溶液中的 Ca^{2+}、Mg^{2+} 配位，然后夺取与铬黑 T 结合的金属离子，使铬黑 T 游离，从而溶液的颜色由酒红色变为纯蓝色，到达滴定终点。

$$Ca^{2+}(Mg^{2+}) + H_2Y^{2-} + 2OH^{-} \longrightarrow CaY^{2-}(MgY^{2-}) + 2H_2O$$

$$\underset{\text{酒红色}}{CaIn^{-}(MgIn^{-})} + H_2Y^{2-} + OH^{-} \longrightarrow \underset{\text{无色}}{CaY^{2-}(MgY^{2-})} + \underset{\text{纯蓝色}}{HIn^{2-}} + H_2O$$

根据 EDTA 溶液的用量 V_1 来计算水的总硬度。水硬度的表示方法很多，其中德国硬度(°)是被我国采用较普遍的硬度之一。1°相当于 1 L 水中含有 10 mg CaO 所引起的硬度。计算公式为

$$总硬度(°)=\frac{c(\mathrm{EDTA})\cdot V_1(\mathrm{EDTA})\cdot M(\mathrm{CaO})}{V(水样)\cdot 10\ (\mathrm{mg}\cdot \mathrm{L}^{-1})}\times 1000$$

其中，EDTA 的浓度单位为 $\mathrm{mol}\cdot\mathrm{L}^{-1}$，EDTA 溶液的体积单位为 mL，水样的体积单位为 mL。

若水样中存在 Fe^{3+}、Al^{3+}、Zn^{2+}、Pb^{2+} 等干扰离子，可用三乙醇胺掩蔽；重金属离子可用 Na_2S 掩蔽。

钙硬度的测定：用 NaOH 调节溶液 pH 值为 12～13，使 Mg^{2+} 生成难溶的 $Mg(OH)_2$ 沉淀而被掩蔽，加入钙指示剂与钙配位成红色。滴定时 EDTA 先与溶液中的 Ca^{2+} 配位，然后夺取与钙指示剂结合的 Ca^{2+}，溶液的颜色由红色变为纯蓝色，到达滴定终点。根据 EDTA 溶液的用量 V_2 来计算 Ca^{2+} 的含量。

$$\underset{}{Ca^{2+}}+\underset{纯蓝色}{钙指示剂}\longrightarrow \underset{红色}{Ca\text{-}钙指示剂}$$

$$Ca^{2+}(Mg^{2+})+Y^{4-}\longrightarrow CaY^{2-}$$

$$\underset{红色}{Ca\text{-}钙指示剂}+Y^{4-}\longrightarrow CaY^{2-}+\underset{纯蓝色}{钙指示剂}$$

$$Ca\ 硬度(°)=\frac{c(\mathrm{EDTA})\cdot V_2(\mathrm{EDTA})\cdot M(\mathrm{CaO})}{V(水样)\cdot 10\ (\mathrm{mg}\cdot \mathrm{L}^{-1})}\times 1000$$

总硬度减去钙硬度可得镁硬度。

三、仪器与试剂

1. 仪器 酸式滴定管(50 mL)，吸量管(1 mL、3 mL、5 mL)，锥形瓶(250 mL)3 个，洗耳球。

2. 试剂 EDTA 标准溶液(0.0100 $\mathrm{mol}\cdot\mathrm{L}^{-1}$)，氨-氯化铵缓冲溶液(pH ≈ 10)，铬黑 T 指示剂，钙指示剂，NaOH 溶液(2 $\mathrm{mol}\cdot\mathrm{L}^{-1}$)，三乙醇胺(200 $\mathrm{g}\cdot\mathrm{L}^{-1}$)，$Na_2S$(20 $\mathrm{g}\cdot\mathrm{L}^{-1}$)，水样。

四、实验步骤

1. 水样总硬度的测定 准确取 100 mL 水样于 250 mL 锥形瓶中，加入 3 mL 三乙醇胺、5 mL 氨-氯化铵缓冲溶液、1 mL Na_2S 溶液和 3 滴铬黑 T 指示剂，用 EDTA 标准溶液滴定。当溶液由红色变为纯蓝色时即为滴定终点，记录所消耗的 EDTA 的体积 V_1。平行测定 3 次。

2. 钙硬度的测定 准确取 100 mL 水样于 250 mL 锥形瓶中，加入 5 mL NaOH 溶液、约 0.1 g 的钙指示剂，用 EDTA 标准溶液滴定。当溶液由红色变为纯蓝色时即为滴定终点，记录所消耗的 EDTA 的体积 V_2。平行测定 3 次。

3. 镁硬度的测定 总硬度减去钙硬度。

五、实验数据记录与处理

1. 总硬度的测定 实验数据填入表 2-10-1 中。

表 2-10-1 水的总硬度测定

项目	1	2	3
$c(\mathrm{EDTA})/(\mathrm{mol\cdot L^{-1}})$			
$V_1(\mathrm{EDTA})/\mathrm{mL}$			
水的总硬度			
水的总硬度平均值			

$$总硬度(°)=\frac{c(\mathrm{EDTA})\cdot V_1(\mathrm{EDTA})\cdot M(\mathrm{CaO})}{V(水样)\cdot 10\ (\mathrm{mg\cdot L^{-1}})}\times 1000$$

2. 钙硬度的测定 实验数据填入表 2-10-2 中。

表 2-10-2 水的钙硬度测定

项目	1	2	3
$c(\mathrm{EDTA})/(\mathrm{mol\cdot L^{-1}})$			
$V_2(\mathrm{EDTA})/\mathrm{mL}$			
钙硬度			
钙硬度平均值			

$$钙硬度(°)=\frac{c(\mathrm{EDTA})\cdot V_2(\mathrm{EDTA})\cdot M(\mathrm{CaO})}{V(水样)\cdot 10\ (\mathrm{mg\cdot L^{-1}})}\times 1000$$

3. 镁硬度的测定 Mg 硬度(°)＝总硬度平均值(°)－Ca 硬度平均值(°)。

六、注意事项

(1) 若水样不澄清，应先过滤，且过滤中使用的仪器和滤纸必须干燥，最初和最后的滤液宜弃去。

(2) 硬度较大的水样，在加入缓冲溶液后常析出 $CaCO_3$ 和 $Mg_2(OH)_2CO_3$ 而导致滴定终点不稳定。此时可在水样中加入适量稀 HCl 溶液，摇匀后再调至中性，然后加入缓冲溶液。

七、思考题

(1) 用 EDTA 测定水的总硬度时，哪些离子存在干扰？应如何消除？

(2) 测定总硬度时，为什么控制溶液的 pH 值为 10？

(3) 测定钙硬度时，为什么控制溶液的 pH 值为 12～13？

八、实验讨论与拓展

（1）水的硬度以德国硬度为标准划分如下：

很软水	软水	中等硬水	硬水	很硬水
4°	4°～8°	8°～16°	16°～32°	32°以上

（2）铬黑 T 为指示剂溶于水后，存在以下解离平衡：

$$\underset{\text{紫色}}{H_2In^-} \xrightleftharpoons{pKa_2=6.3} \underset{\text{蓝色}}{HIn^{2-}} \xrightleftharpoons{pKa_3=11.5} \underset{\text{橙色}}{In^{3-}}$$

铬黑 T 在不同 pH 值下的颜色：$pH<6.3$ 时，$[H_2In^-]>[HIn^{2-}]$，呈紫色；$pH=pKa_2=6.3$ 时，$[H_2In^-]=[HIn^{2-}]$，呈现紫色与蓝色的混合色；$6.3<pH<11.5$ 时，呈蓝色；$pH>11.5$ 时，呈橙色。使用铬黑 T 最适宜的酸度是 9～10.5。

钙指示剂自身呈纯蓝色，但在 pH 值为 12～13 时，与 Ca^{2+} 形成红色配合物。

（胡密霞）

NOTE

实验十一　缓冲溶液的配制、性质及pH值的测定

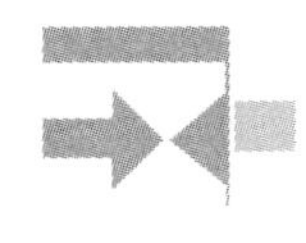

实验预习内容

扫码看 PPT

缓冲溶液的组成，缓冲溶液的作用机制，缓冲溶液配制的基本原理，缓冲容量的影响因素。

一、目的要求

（1）掌握缓冲溶液配制的基本实验方法。

（2）掌握缓冲溶液的性质和缓冲原理，理解缓冲溶液的总浓度和缓冲比与缓冲容量之间的关系。

（3）熟悉 pH 计（电位法）和比色法测定溶液 pH 值的基本方法。

（4）了解 pH 计的基本结构和工作原理。

二、实验原理

缓冲溶液具有抵抗少量外来强酸、强碱或水稀释仍然保持其自身 pH 值基本不变的性质，即缓冲作用。缓冲溶液一般是由弱酸 HB 和其共轭碱 B^- 形成的缓冲溶液体系组成，HB 为抗碱成分，B^- 为抗酸成分，而其缓冲作用是在有足量抗酸成分和抗碱成分共存的缓冲溶液体系中，通过共轭酸碱对的质子平衡移动来实现的。缓冲溶液不仅具有一定的 pH 值，而且还要有较大的缓冲容量，为此应使缓冲溶液体系中共轭酸的 pK_a 值与所配缓冲溶液 pH 值尽量接近，同时应将其总浓度 $c_{总}$ 控制在 $0.05 \sim 0.20\ mol \cdot L^{-1}$ 范围内。

配制缓冲溶液时，常用相同浓度的共轭酸和共轭碱，即 $c(HB)=c(B^-)$，按公式（11-1）计算出所需 $V(HB)$ 和 $V(B^-)$ 的体积，相互混合，即可配成不同 pH 值的缓冲溶液。

$$pH = pK_a + \lg\frac{[B^-]}{[HB]} \approx pK_a + \lg\frac{c(B^-)V(B^-)}{c(HB)V(HB)} = pK_a + \lg\frac{V(B^-)}{V(HB)} \qquad (11\text{-}1)$$

此外，也常采用强酸与过量弱碱，或者强碱与过量弱酸进行酸碱反应，由剩余反应物和反应产物构成缓冲溶液。例如，NaOH 与过量 KH_2PO_4，可组成 $H_2PO_4^-$-

HPO_4^{2-}缓冲溶液；HCl与过量KH_2PO_4反应，可组成$H_3PO_4^-$-$H_2PO_4^{2-}$缓冲溶液。

缓冲溶液的缓冲能力用缓冲容量(β)来衡量，缓冲容量表示单位体积缓冲溶液的pH值发生一定变化时所能抵抗的外加一元强酸或一元强碱的物质的量，β值越大，表示缓冲溶液的缓冲能力越强。缓冲容量(β)与缓冲溶液的缓冲比$\left(\frac{[共轭碱]}{[共轭酸]}\right)$和总浓度($c_{总}$)有关：对于同一缓冲体系，缓冲比一定时，$c_{总}$越大则缓冲能力越强；$c_{总}$一定时，缓冲比为1时缓冲能力最强，缓冲比偏离1越远缓冲能力越弱。

pH计可准确测定溶液的pH值。pH计是利用指示电极(玻璃电极)和参比电极(饱和甘汞电极)组成的原电池，在不同pH值的溶液中产生不同的电动势这一原理，从而测定溶液pH值的一种电子仪器。它能够准确测定各种溶液的pH值，也能测定电池的电动势。目前，各种型号的pH计大多将两支电极集成在一起形成玻璃膜复合电极，其测定原理一致。

原电池的组成：

(－) Ag，AgCl(s) | HCl ($0.1\ mol \cdot L^{-1}$) | 玻璃膜 | pH溶液 ‖ KCl (饱和) | Hg(l)-Hg_2Cl_2(s) (＋)

Nernst方程：

$$E = K_E + \frac{2.303RT}{F}\text{pH} \tag{11-2}$$

公式(11-2)中，R为理想气体常数($8.314\ J \cdot mol^{-1} \cdot K^{-1}$)，$T$为绝对温度，$F$为Faraday常数($96485\ C \cdot mol^{-1}$)，$K_E$为常数。测量时应先校正仪器，即将两只电极插入已知准确的pH值为pH_s的标准缓冲溶液中，测定电动势E_s，按公式(11-3)求K_E。

$$E_s = K_E + \frac{2.303RT}{F}\text{pH}_s \tag{11-3}$$

联立公式(11-2)和公式(11-3)求解，则试样溶液的pH值即可按公式(11-4)求出。

$$\text{pH} = \text{pH}_s + \frac{(E - E_s)F}{2.303RT} \tag{11-4}$$

比色法测定溶液pH值的方法是：选择适当的指示剂与一系列已知pH值的缓冲溶液配成标准比色系列(间隔约2.0 pH值)，然后在待测溶液中加入同类、等量的指示剂，将待测溶液的颜色与标准比色系列溶液的颜色进行对比，确定待测溶液的pH值。此法一般可以精确到0.1个pH值。

三、仪器与试剂

1. 仪器 pH计，pH玻璃膜复合电极，酸碱滴定管(50 mL)2支，100 mL容量瓶，10 mL量杯，试管(10 mL)5支，移液管(2 mL×2支，10 mL×4支)，烧杯(50 mL)16个，比色管(10 mL)10个，量筒(20 mL)6个，滤纸，玻棒。

2. 试剂　KH_2PO_4溶液(0.2 mol·L^{-1}),Na_2HPO_4溶液(0.2 mol·L^{-1}),NaOH溶液(0.2 mol·L^{-1}),HCl溶液(0.2 mol·L^{-1}),广泛pH指示剂[1],甲基橙指示剂,溴百里酚蓝指示剂,pH=6.865的KH_2PO_4-Na_2HPO_4标准缓冲溶液,pH=4.008的邻苯二甲酸氢钾标准缓冲溶液(或pH=9.180的$Na_2B_4O_7$标准缓冲溶液),鲜奶,酸奶,果汁。

四、实验步骤

1. 配制缓冲溶液　用0.2 mol·L^{-1}的KH_2PO_4溶液和0.2 mol·L^{-1}的NaOH溶液,配制$c_{总}$=0.1 mol·L^{-1}且pH≈7.4的缓冲溶液100 mL。通过计算[2]求得所需各溶液的体积,然后用滴定管准确量取,于100 mL容量瓶中定容,备用。

2. 自制缓冲溶液的性质　取5支10 mL试管(编号为1~5),按表2-11-1所示进行实验。取1~3号试管,分别准确加入2.0 mL自制缓冲溶液,各滴加3滴广泛pH指示剂,摇匀后观察并记录颜色;然后在1号试管中滴加去离子水、2号试管中滴加0.2 mol·L^{-1} HCl溶液和3号试管中滴加0.2 mol·L^{-1} NaOH溶液各2滴,观察颜色变化并说明原因。另取4~5号试管,分别准确加入2.0 mL去离子水,各滴加3滴广泛pH指示剂,摇匀后观察并记录颜色;然后在4号试管中滴加0.2 mol·L^{-1} HCl溶液和5号试管中滴加0.2 mol·L^{-1} NaOH溶液各2滴,观察颜色变化并说明原因。

表2-11-1　自制缓冲溶液的性质

编号	1	2	3	4	5
自制缓冲溶液/mL	2.0	2.0	2.0	—	—
去离子水/mL	—	—	—	2.0	2.0
广泛pH指示剂/滴	3	3	3	3	3
溶液颜色					
去离子水/滴	2	—	—	—	—
0.2 mol·L^{-1} HCl溶液/滴	—	2	—	2	—
0.2 mol·L^{-1} NaOH溶液/滴	—	—	2	—	2
颜色变化					
解释现象					

3. 影响缓冲容量的因素

(1)缓冲容量与缓冲比的关系。

取5个洁净干燥的50 mL烧杯(编号为1~5),按表2-11-2所示进行实验。用移液管分别准确加入相应体积的0.2 mol·L^{-1} KH_2PO_4溶液和0.2 mol·L^{-1} Na_2HPO_4溶液,配制总浓度相同但缓冲比不同的缓冲溶液。然后,各加入3滴广泛pH指示剂,摇匀,计算缓冲溶液的缓冲比并记录溶液的颜色于表格中;再分别向各烧杯中滴加0.2 mol·L^{-1}的HCl溶液,边滴加、边振荡、边计滴数,直至溶液的颜色

恰好发生变化为止，将所用 HCl 溶液的滴数记录在表 2-11-2 中。根据所用 HCl 溶液的滴数，解释缓冲容量与缓冲比的关系。

表 2-11-2 缓冲容量与缓冲比的关系

编号	1	2	3	4	5
0.2 $mol \cdot L^{-1}$ KH_2PO_4 溶液/mL	9.00	7.00	5.00	3.00	1.00
0.2 $mol \cdot L^{-1}$ Na_2HPO_4 溶液/mL	1.00	3.00	5.00	7.00	9.00
广泛 pH 指示剂/滴	3	3	3	3	3
$[HPO_4^{2-}]/[H_2PO_4^-]$					
溶液颜色					
0.2 $mol \cdot L^{-1}$ HCl 溶液/滴					

(2) 缓冲容量与总浓度的关系。

取 5 个洁净干燥的 50 mL 烧杯(编号为 1～5)，按表 11-3 所示进行实验。用刻度移液管分别准确加入相应体积的 0.2 $mol \cdot L^{-1}$ KH_2PO_4 和 0.2 $mol \cdot L^{-1}$ Na_2HPO_4 溶液以及去离子水，配制缓冲比相同但总浓度 $c_{总}$ 不同的缓冲溶液。然后，各加入 3 滴广泛 pH 指示剂，摇匀，计算缓冲溶液的总浓度 $c_{总}$ 并记录溶液的颜色于表格中；再分别向各烧杯中滴加 0.2 $mol \cdot L^{-1}$ 的 HCl 溶液，边滴加、边振荡、边计滴数，直至溶液的颜色恰好发生变化为止，将所用 HCl 溶液的滴数记录在表 2-11-3 中。根据所用 HCl 溶液的滴数，解释缓冲容量与总浓度的关系。

表 2-11-3 缓冲容量与总浓度的关系

编号	1	2	3	4	5
0.2 $mol \cdot L^{-1}$ KH_2PO_4 溶液/mL	1.00	2.00	3.00	4.00	5.00
0.2 $mol \cdot L^{-1}$ Na_2HPO_4 溶液/mL	1.00	2.00	3.00	4.00	5.00
去离子水/mL	8.00	6.00	4.00	2.00	0.00
广泛 pH 指示剂/滴	3	3	3	3	3
$c_{总}/mol \cdot L^{-1}$					
溶液颜色					
0.2 $mol \cdot L^{-1}$ HCl 溶液/滴					

4. 用 pH 计测定溶液的 pH 值

(1) pH 计的校正。

按照仪器说明书操作步骤，采用两点校正法校正 pH 计。首先，用量筒量取 pH＝6.865 的 KH_2PO_4-Na_2HPO_4 标准缓冲溶液 20 mL 于 50 mL 烧杯中，插入复合电极，校正仪器 pH 档的第一个点。然后，用量筒量取 pH＝4.008 的邻苯二甲酸氢钾标准缓冲溶液(或 pH＝9.180 的 $Na_2B_4O_7$ 标准缓冲溶液)20 mL 于另一个 50 mL

烧杯中，再将 pH 玻璃膜复合电极插入溶液中，校正仪器 pH 档的第二个点。更换标准溶液后，电极均需洗净擦干后方可使用。

(2) 自制缓冲溶液 pH 值的测定。

用量筒量取 20 mL 自制缓冲溶液于 50 mL 烧杯中，插入 pH 玻璃膜复合电极，用 pH 计测定并记录其 pH 值，并与以下缓冲比色法测得的 pH 值进行对比。

(3) 各种饮料 pH 值的测定。

用量筒分别量取 20 mL 鲜奶、酸奶和果汁于 3 个 50 mL 烧杯中，插入复合电极，用 pH 计测定并记录其 pH 值。实验完成后，将废弃饮料倒入回收瓶中。

5. 用缓冲比色法测定溶液的 pH 值

(1) 缓冲比色系列溶液的配制。

取 9 支 10 mL 比色管(编号为 1～9)，按表 11-4 所示进行实验。用移液管分别准确加入相应体积的 0.2 mol·L^{-1} KH_2PO_4溶液和 0.2 mol·L^{-1} Na_2HPO_4溶液；然后，各加入 3 滴溴百里酚蓝指示剂，摇匀，观察比色系列溶液颜色的变化，用 pH 计测定各溶液的 pH 值并记录于表格 11-4 中。

(2) 自制缓冲溶液 pH 值的确定。

另取 1 支 10 mL 比色管，用移液管准确加入 10.00 mL 自制的缓冲溶液，加入 3 滴溴百里酚蓝，摇匀。将其颜色与表 2-11-4 中比色系列溶液的颜色进行对比，确定并记录其 pH 值，并与上述用 pH 计测定的 pH 值进行对比。

表 2-11-4　缓冲比色系列溶液和自制缓冲溶液的 pH 值

编号	1	2	3	4	5	6	7	8	9
0.2 mol·L^{-1} KH_2PO_4溶液/mL	9.00	8.00	7.00	6.00	5.00	4.00	3.00	2.00	1.00
0.2 mol·L^{-1} Na_2HPO_4溶液/mL	1.00	2.00	3.00	4.00	5.00	6.00	7.00	8.00	9.00
溴百里酚蓝指示剂/滴	3	3	3	3	3	3	3	3	3
pH 测定值									
自制缓冲溶液的 pH 值									

注释：

[1]广泛 pH 指示剂通常由五种酸碱指示剂混合而成。其中，每种指示剂在不同 pH 值下显示其自身颜色，相应地广泛 pH 指示剂在 pH＝1～14 的颜色是各指示剂各种颜色混合的补色。通常可用甲基橙指示剂[pH＝3.1(红)～4.4(黄)]、甲基红指示剂[pH＝4.4(红)～6.2(黄)]、溴百里酚蓝指示剂[pH＝6.2(黄)～7.6(蓝)]、百里酚蓝指示剂[第一变色点，pH＝1.2(红)～2.8(黄)；第二变色点，pH＝8.0(黄)～9.6(蓝)]和酚酞[pH＝8.0(无)～10.0(红)]来配制广泛 pH 指示剂，即先将甲基橙指示剂配成 0.1%(g·mL^{-1})水溶液，其余的配成 0.1%(g·mL^{-1})乙醇溶液，然后依次按 1∶1∶2∶2∶2 的比例混合即可。指示剂在不同 pH 值的颜色见表2-11-5。

NOTE

表 2-11-5 指示剂在不同 pH 值的颜色

pH 值	1	2	3	4	5	6	7	8	9	10	11	12	13	14
甲基橙指示剂				红	黄									
甲基红指示剂				红		黄								
溴百里酚蓝指示剂						黄		蓝						
百里酚蓝指示剂	红			黄				黄		蓝				
酚酞指示剂								无		红				
补色指示剂	红			橙	橙	黄		绿		紫				

[2]配制时，用滴定管准确量取 0.2 mol·L^{-1} KH_2PO_4溶液 50 mL 和 0.2 mol·L^{-1} NaOH 溶液 30 mL 于 100 mL 容量瓶中，加去离子水定容，摇匀即可。此时，所配制缓冲溶液的缓冲体系为 $H_2PO_4^- $-$HPO_4^{2-}$，其共轭酸 $pK_{a_2}=7.21$，与所配缓冲溶液的 pH≈7.4 接近。

计算过程如下所示。

缓冲溶液中

$$[H_2PO_4^-]=\frac{0.2[V(H_2PO_4^-)-V(OH^-)]}{100}$$

$$[HPO_4^{2-}]=[OH^-]=\frac{0.2V(OH^-)}{100}$$

因 $[H_2PO_4^-]+[OH^-]=0.1$ mol·L^{-1}，故

$$[H_2PO_4^-]+[HPO_4^{2-}]=\frac{0.2[V(H_2PO_4^-)-V(OH^-)]+0.2V(OH^-)}{100}=0.1$$

$$V(H_2PO_4^-)=\frac{0.1\times 100}{0.2}\text{ mL}=50\text{ mL}$$

依据缓冲公式有：

$$7.40=7.21+\lg\frac{[HPO_4^{2-}]}{[H_2PO_4^-]}=7.21+\lg\frac{0.1-[H_2PO_4^-]}{[H_2PO_4^-]}$$

解得 $[H_2PO_4^-]=0.0392$ mol·L^{-1}，则

$$V(OH^-)=\frac{0.1-[H_2PO_4^-]}{0.2}\times 100=\frac{0.1-0.0392}{0.2}\times 100\text{ mL}\approx 30\text{ mL}$$

五、实验数据记录与处理

1. 自制缓冲溶液的性质 记录相关数据填入表 2-11-6 中。

表 2-11-6 自制缓冲溶液的性质

项目	1	2	3	4	5
溶液颜色					
颜色变化					
解释现象					

NOTE

2. 影响缓冲容量的因素

(1) 缓冲容量与缓冲比的关系　记录并计算相关数据,填入表 2-11-7 中。

表 2-11-7　缓冲容量与缓冲比的关系

项目	1	2	3	4	5
$[HPO_4^{2-}]/[H_2PO_4^-]$					
溶液颜色					
0.2 mol·L^{-1} HCl 溶液/滴					

根据所用 HCl 溶液的滴数,解释缓冲容量与缓冲比的关系。

(2) 缓冲容量与总浓度的关系　记录并计算相关数据,填入表 2-11-8 中。

表 2-11-8　缓冲容量与总浓度的关系

项目	1	2	3	4	5
$c_{总}/(mol \cdot L^{-1})$					
溶液颜色					
0.2 mol·L^{-1} HCl 溶液/滴					

根据所用 HCl 溶液的滴数,解释缓冲容量与总浓度的关系。

3. 用 pH 计测定溶液的 pH 值　记录相关数据,填入表 2-11-9 中。

表 2-11-9　各溶液的 pH 值

溶液	1	2	3	平均值
自制缓冲溶液				
鲜奶				
酸奶				
果汁				

4. 用缓冲比色法测定溶液的 pH 值　记录相关数据,填入表 2-11-10 中。

表 2-11-10　缓冲比色系列溶液和自制缓冲溶液的 pH 值

项目	1	2	3	4	5	6	7	8	9
pH 测定值									
自制缓冲溶液的 pH 值									

六、注意事项

(1) 在缓冲溶液的配制过程中,用容量瓶定容时,视线、刻度线应与溶液的凹液面相平。

(2) pH 计使用前要进行校正,按照说明书用标准缓冲溶液校正好,测定过程中不用再进行校正。

(3) 用 pH 计测定溶液的 pH 值时，更换待测溶液后，pH 玻璃膜复合电极均需洗净擦干后才能使用。

七、思考题

(1) $NaHCO_3$溶液是否具有缓冲能力，为什么？

(2) 如何衡量缓冲溶液缓冲能力的大小？

(3) 缓冲溶液的 pH 值由哪些因素决定？

(4) 为什么缓冲溶液具有缓冲能力？

(5) 试说明缓冲溶液的总浓度和缓冲比对缓冲容量的影响？

(6) 有色溶液例如西红柿汁的 pH 值，应用何种方法来测定？

(7) 为何每测定完一种溶液，pH 计玻璃膜复合电极需用蒸馏水洗干净并吸干后才能测定另一种溶液？

（向广艳）

NOTE

实验十二　化学反应速率与化学平衡

实验预习内容

扫码看 PPT

浓度、温度、催化剂对化学反应速率的影响；浓度、温度对化学平衡移动的影响。

扫码看操作微视频

一、目的要求

(1) 掌握浓度、温度、催化剂对化学反应速率的影响。

(2) 熟悉浓度、温度对化学平衡移动的影响。

(3) 了解化学热力学与动力学的相关基础知识。

二、实验原理

化学反应涉及两个基本问题：化学动力学与化学热力学。化学动力学是研究反应进行的速率和具体步骤，而化学热力学是研究在指定条件下反应进行的方向和限度。探索影响化学反应速率与化学平衡移动的因素与规律是化学研究的重要内容。

化学反应速率是指化学反应进行的快慢，通常以单位时间内反应物或生成物浓度的变化值来表示。化学反应速率与反应物的性质和浓度、温度、压力、催化剂等都有关。

碘酸钾与亚硫酸氢钠在水溶液中发生如下反应：

$$2KIO_3+5NaHSO_3 \longrightarrow Na_2SO_4+K_2SO_4+3NaHSO_4+I_2+H_2O$$

若在反应物中预先加入淀粉指示剂，反应所生成的碘单质遇淀粉溶液变为蓝色，则淀粉溶液变色所需的时间 t 可以用于指示反应速率的大小。反应速率与 t 成反比，而与 $1/t$ 成正比，实验中固定 $NaHSO_3$ 的浓度，改变 KIO_3 的浓度(本实验中需碘酸钾过量)，可以得到与不同浓度的 KIO_3 相对应的淀粉溶液变蓝色的时间，将 KIO_3 的浓度相对于 $1/t$ 作图，可得一条变化曲线。

温度能显著影响化学反应速率，从阿伦尼乌斯(S. Arrhenius)公式(12-1)可以看出，温度对化学反应速率的影响，就是温度对 k 的影响，对大多数化学反应来说，温度升高，反应速率增大。

$$k=A\exp\left(-\frac{E_a}{RT}\right) \tag{12-1}$$

催化剂可显著地影响化学反应速率，改变反应途径，降低反应的活化能，从而加快反应速率。催化剂与反应系统处于同相时，称为均相催化。在高锰酸钾和草酸的酸性混合液中，加入 Mn^{2+} 可增大反应速率，该反应的反应速率可由高锰酸钾溶液的紫红色褪去时间的长短来指示。

$$2KMnO_4 + 5H_2C_2O_4 + 3H_2SO_4 \longrightarrow 2MnSO_4 + K_2SO_4 + 10CO_2 + 8H_2O$$

在可逆反应中，当正、逆反应速率相等时即达到化学平衡状态，改变平衡体系的条件如浓度、压力或温度时，平衡就会向着减弱这种改变的方向移动。

如在 $FeCl_3$ 水溶液中，Fe^{3+} 以水合配离子形式存在，$[Fe(H_2O)_6]^{3+}$ 呈黄色，当加入一定量的 SCN^- 后，会发生下列反应：

$$Fe^{3+} + nSCN^- \longrightarrow [Fe(SCN)_n]^{3-n}; n=1\sim6$$

$[Fe(SCN)_n]^{3-n}$ 为血红色，增加反应物的浓度，会使平衡向正反应方向移动，从而使溶液的颜色加深。

又如在带有两个玻璃球的气体平衡仪中，装有 NO_2 和 N_2O_4 的混合气体，它们之间存在如下平衡：

$$2NO_2(g) \rightleftharpoons N_2O_4(g)$$

$$\Delta_r H_m^\ominus = -54.43\ kJ/mol$$

该反应为放热反应，降低温度会使平衡向右移动，升高温度则使平衡向左移动。NO_2 为红棕色气体，N_2O_4 为无色气体，温度的改变会使气体平衡仪的玻璃小球中的气体颜色发生改变。

三、仪器与试剂

1. 仪器 试管(10 mL)10 支，烧杯(100 mL，500 mL)，量筒(10 mL，50 mL)，玻棒，秒表，温度计，内充有 NO_2 和 N_2O_4 混合气体的平衡仪。

2. 试剂 KIO_3 溶液(0.05 mol·L^{-1})，$NaHSO_3$ 溶液(0.05 mol·L^{-1})，H_2SO_4 溶液(3 mol·L^{-1})，$MnSO_4$ 溶液(0.1 mol·L^{-1})，$KMnO_4$ 溶液(0.01 mol·L^{-1})，$H_2C_2O_4$ 溶液(0.05 mol·L^{-1})，$FeCl_3$ 溶液(0.1 mol·L^{-1})，KSCN 溶液(0.1 mol·L^{-1})等。

四、实验步骤

1. 影响化学反应速率的因素

(1) 浓度对化学反应速率的影响：用量筒分别准确量取 10 mL 0.05 mol·L^{-1} 的 $NaHSO_3$ 溶液与 35 mL 蒸馏水，一并倒入 100 mL 小烧杯中，搅拌均匀，再用量筒准确量取 5 mL 0.05 mol·L^{-1} 的 KIO_3 溶液，迅速倒入上述小烧杯中，立即按下秒表计时，并搅拌溶液，记录溶液变为蓝色的时间，并填入表 2-12-1 中。采用同样的方法依次按表 2-12-1 中的实验方案进行实验。

(2) 温度对化学反应速率的影响：用量筒分别准确量取 10 mL 0.05 mol·L^{-1}

的 $NaHSO_3$ 溶液与 35 mL 蒸馏水，一并倒入 100 mL 小烧杯中，搅拌均匀，再用量筒准确量取 5 mL 0.05 mol·L^{-1} 的 KIO_3 溶液加入一试管中，将小烧杯和试管同时放在水浴中(图 2-12-1)，加热至比室温高约 10 ℃，恒温孵育 3～5 min，将 KIO_3 溶液迅速倒入 $NaHSO_3$ 溶液中，立即计时，并搅拌均匀，记录溶液变为蓝色的时间，并填入表 2-12-2 中。同法，再用冰浴代替热水浴，温度比室温低 10 ℃左右，记录溶液变为蓝色的时间。根据实验结果，说明温度对化学反应速率的影响。

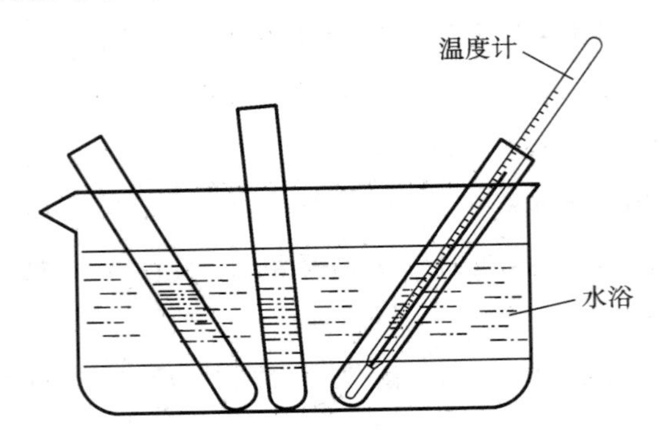

图 2-12-1　温度对化学反应速率的影响

(3) 催化剂对化学反应速率的影响：在试管中加入 0.1 mol·L^{-1} 的 $MnSO_4$ 溶液 10 滴、3 mol·L^{-1} 的 H_2SO_4 溶液 1 mL、0.05 mol·L^{-1} 的 $H_2C_2O_4$ 溶液 3 mL。在另一支试管中加入 3 mol·L^{-1} 的 H_2SO_4 溶液 1 mL、0.05 mol·L^{-1} 的 $H_2C_2O_4$ 溶液 3 mL、蒸馏水 10 滴。然后向两支试管中各加入 0.01 mol·L^{-1} 的 $KMnO_4$ 溶液 3 滴，摇匀，观察并比较两支试管中紫红色褪去的快慢。

2．影响化学平衡移动的因素

(1) 浓度对化学平衡移动的影响：在试管中先加入 1 mL 蒸馏水，然后加入 0.1 mol·L^{-1} 的 $FeCl_3$ 溶液和 0.1 mol·L^{-1} 的 KSCN 溶液各 2 滴，观察溶液颜色的变化，并说明浓度对化学平衡的影响。

$$Fe^{3+} + nSCN^- \longrightarrow [Fe(SCN)_n]^{3-n};n=1\sim6$$

(2) 温度对化学平衡移动的影响：取一个带有两个玻璃球的气体平衡仪，平衡仪装有 NO_2 和 N_2O_4 的混合气体，它们之间存在如下平衡：

$$2NO_2(g) \rightleftharpoons N_2O_4(g)$$

$$\Delta_r H_m^{\ominus} = -54.43\ kJ/mol$$

上述反应为放热反应，温度的改变会使平衡发生移动。将气体平衡仪的一个玻璃球浸入热水浴中，另一个玻璃球浸入冰水中（图 2-12-2)，观察两个玻璃球中气体颜色的变化，指出平衡移动的方向，并运用平衡移动原理解释。

五、实验数据记录与处理

1．浓度对化学反应速率的影响　记录并计算相关数据，填入表 2-12-1 中。

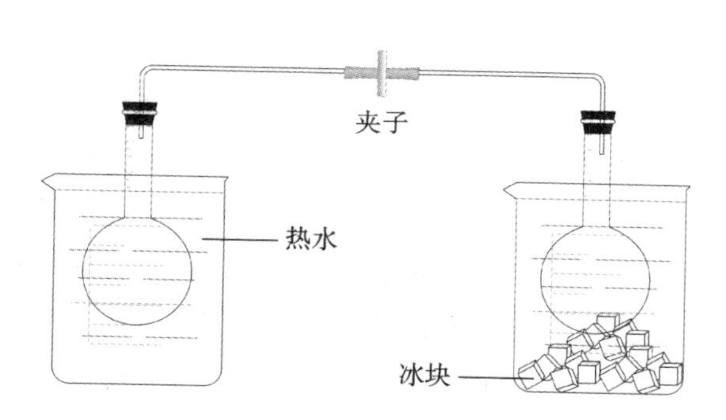

图 2-12-2 温度对化学平衡移动的影响

表 2-12-1 浓度对化学反应速率的影响

实验编号	$NaHSO_3$溶液体积/mL	H_2O体积/mL	KIO_3溶液体积/mL	KIO_3溶液的浓度/(5×10^{-3} mol·L^{-1})	溶液变蓝时间/s	$100/t/s^{-1}$
1	10	35	5			
2	10	30	10			
3	10	25	15			
4	10	20	20			
5	10	15	25			

根据表 2-12-1 中的实验数据，以 KIO_3溶液的浓度为横坐标，$1/t$ 为纵坐标，用坐标纸作图(图 2-12-3)。

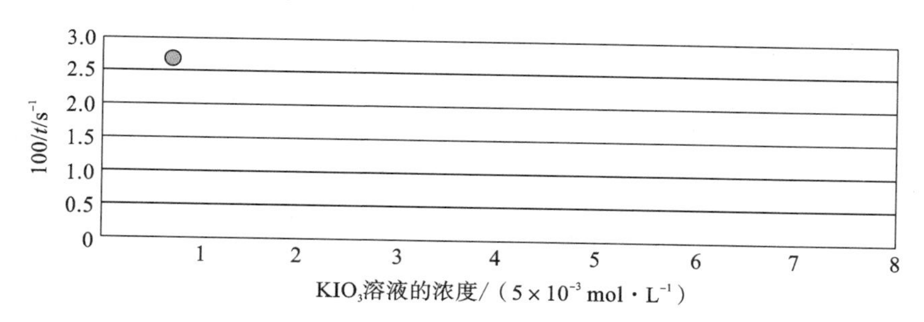

图 2-12-3 KIO_3溶液浓度与 $1/t$ 的关系图

2. 温度对化学反应速率的影响 记录并计算相关数据，填入表 2-12-2 中。

表 2-12-2 温度对化学反应速率的影响

实验编号	$NaHSO_3$溶液体积/mL	H_2O体积/mL	KIO_3溶液体积/mL	实验温度/℃	溶液变蓝时间/s
1	10	35	5	室温	
2	10	35	5	室温+10	
3	10	35	5	室温−10	

六、注意事项

（1）在做温度对反应速率影响的实验时，若室温低于 10 ℃，可将温度条件改为室温、高于室温 10 ℃、高于室温 20 ℃三种情况来设计实验方案。

（2）氯化铁溶液和硫氰化钾溶液的浓度不宜超过 0.01 mol·L^{-1}。否则由于开始实验时生成的血红色溶液太深，再加入铁离子或 SCN^- 时，血红色加深会不明显，使实验过程中的颜色变化不易被观察清楚。如果红色太深，可用水稀释至浅红色，再进行实验。

（3）计时器（秒表）在使用前要先进行检验、校对，保证其灵敏、准确。

（4）在做温度对化学平衡移动的影响实验前，要检查气体平衡仪的两个玻璃球是否完好，若有裂痕则不能用，实验中要对玻璃球轻拿轻放，以防玻璃球受损；热水的温度以 60～70 ℃为宜，温度过低，实验结果差，温度过高，会因温差大和气体膨胀而使玻璃球炸裂。

七、思考题

（1）在做浓度、温度对化学反应速率影响的实验时，为什么溶液的总体积必须相等？

（2）影响化学反应速率的因素有哪些？根据实验中的数据说明浓度、温度、催化剂对化学反应速率的影响。

（3）在做温度和浓度对化学反应速率或化学平衡移动影响的实验时，应注意什么？分别采取了哪些措施？

（衷友泉）

NOTE

实验十三　氧化还原反应与电极电势

实验预习内容

原电池装置，能斯特方程及酸度、浓度的影响，电池电动势 E 的计算，氧化还原反应方向的判断。

扫码看 PPT

一、目的要求

(1) 掌握电极电势对氧化还原反应的影响。

(2) 熟悉浓度、酸度、温度、催化剂对氧化还原反应的方向、产物、速度的影响。

(3) 了解原电池装置。

二、实验原理

氧化还原反应由两个半反应组成，半反应中同一元素两个不同氧化态的物质组成一个电对，即氧化型/还原型。氧化剂和还原剂的相对强弱，可根据它们的电极电势 φ 值的相对大小来衡量：φ 值越大，电对中氧化型物质的氧化能力越强；φ 值越小，电对中还原型物质的还原能力越强。还可根据电极电势判断氧化还原反应的方向，由较强的氧化剂和较强的还原剂反应生成较弱的氧化剂和较弱的还原剂。

根据能斯特方程：

$$\varphi=\varphi^{\ominus}+\frac{0.0592}{n}\lg\frac{[\text{氧化型}]^{a}}{[\text{还原型}]^{b}}$$

当氧化型或还原型物质的浓度、酸度改变时，电极电势 φ 值发生改变，引起电动势 E 发生改变，还可能导致氧化还原反应方向的改变。

原电池是利用氧化还原反应把化学能转变为电能并产生电流的装置。原电池的电动势计算如下：

$$E=\varphi_{+}-\varphi_{-}$$

注：$E>0$，氧化还原反应正向进行；$E<0$，氧化还原反应逆向进行；$E=0$，反应处于平衡状态。

三、仪器与试剂

1. 仪器　胶头滴管，烧杯(50 mL，100 mL)，试管(10 mL)10 支，试管架，U 形

管，伏特计，表面皿(60 mm)，洗瓶，玻棒，水浴锅。

2. 试剂 HCl溶液(2 mol·L^{-1})，浓HNO_3溶液，HNO_3溶液(1 mol·L^{-1})，H_2SO_4溶液(1 mol·L^{-1}，3 mol·L^{-1})，HAc溶液(3 mol·L^{-1})，$H_2C_2O_4$溶液(0.1 mol·L^{-1})，浓$NH_3·H_2O$溶液，NaOH溶液(6 mol·L^{-1})，$ZnSO_4$溶液(1 mol·L^{-1})，$CuSO_4$溶液(1 mol·L^{-1})，$K_2Cr_2O_7$溶液(0.4 mol·L^{-1})，KI溶液(0.1 mol·L^{-1})，$FeSO_4$溶液(0.1 mol·L^{-1}、1 mol·L^{-1})，$Fe_2(SO_4)_3$溶液(0.1 mol·L^{-1})，$FeCl_3$溶液(0.1 mol·L^{-1})，$KMnO_4$溶液(0.001 mol·L^{-1})，Na_2SO_3溶液(0.1 mol·L^{-1})，$MnSO_4$溶液(0.1 mol·L^{-1})，$AgNO_3$溶液(0.1 mol·L^{-1})，NH_4SCN(0.1 mol·L^{-1})，I_2溶液(0.1 mol·L^{-1})，Br_2溶液，CCl_4溶液，NH_4F固体，KBr溶液(0.1 mol·L^{-1})，$(NH_4)_2S_2O_8$固体，饱和KCl溶液等。

四、实验步骤

1. 电极电势与氧化还原反应

(1) 取1支试管，加入10滴0.1 mol·L^{-1}的KI溶液和2滴0.1 mol·L^{-1}的$FeCl_3$溶液，混匀后加入10滴CCl_4溶液，充分振荡试管，观察CCl_4层的颜色。

(2) 取1支试管，加入10滴0.1 mol·L^{-1}的KBr溶液和2滴0.1 mol·L^{-1}的$FeCl_3$溶液，混匀后加入10滴CCl_4溶液，充分振荡试管，观察CCl_4层的颜色。

(3) 取2支试管，分别加入1 mL Br_2水溶液或I_2溶液，然后各加入10滴0.1 mol·L^{-1} $FeSO_4$溶液，混匀，观察现象。再向2支试管中分别加入1滴0.1 mol·L^{-1} NH_4SCN溶液，观察反应发生的变化。

2. 浓度和酸度对电极电势的影响

(1) 浓度的影响。

①取2个50 mL烧杯，分别加入30 mL 1 mol·L^{-1} $ZnSO_4$溶液和30 mL 1 mol·L^{-1} $CuSO_4$溶液。在$ZnSO_4$溶液中插入Zn片，在$CuSO_4$溶液插入Cu片，用导线将Zn片和Cu片分别与伏特计的负极和正极相连，用盐桥连通两个烧杯溶液，读出伏特计的示数。

②取出盐桥，在$CuSO_4$溶液中滴加适量浓$NH_3·H_2O$溶液，并不断搅拌，直至生成的沉淀溶解而形成深蓝色溶液，放入盐桥，观察伏特计有何变化。

③再取出盐桥，在$ZnSO_4$溶液中滴加适量浓$NH_3·H_2O$溶液，并不断搅拌，直至生成的沉淀溶解而形成无色溶液，放入盐桥，观察伏特计有何变化。

利用能斯特方程解释以上实验现象。

(2) 酸度的影响。

①取2个50 mL烧杯，在一个烧杯中加入30 mL 1 mol·L^{-1} $FeSO_4$溶液，插入Fe片，在另一个烧杯中加入30 mL 0.4 mol·L^{-1} $K_2Cr_2O_7$溶液，插入碳棒。用导线将Fe片和碳棒分别与伏特计的负极和正极相连，用盐桥连通两个烧杯溶液，读出伏特计的示数。

NOTE

②向盛有 $K_2Cr_2O_7$ 的溶液中，慢慢加入 1 mol·L^{-1} H_2SO_4 溶液，观察伏特计示数有何变化。再向 $K_2Cr_2O_7$ 溶液中逐滴加入 6 mol·L^{-1} NaOH 溶液，观察伏特计示数又有何变化。

利用能斯特方程解释以上实验现象。

3. 浓度和酸度对氧化还原反应产物的影响

（1）浓度的影响。

取 2 支试管，各放入一粒锌粒，再分别加入 1 mL 浓 HNO_3 溶液和 1 mol·L^{-1} HNO_3 溶液，观察实验现象，并写出反应方程式。浓 HNO_3 溶液的还原产物可通过观察生成气体的颜色来判断；稀 HNO_3 溶液的还原产物可用气室法检验溶液中是否有 NH_4^+ 生成。

气室法检验 NH_4^+ 的生成：将 5 滴被测溶液滴入一个表面皿中，然后滴加 3 滴 40% NaOH 溶液，混匀。在另一块较小的表面皿上黏附一小块湿润的红色石蕊试纸，把它盖在大的表面皿上做成气室。将此气室放在水浴上微热 2 min，若红色石蕊试纸变蓝色，则表示有 NH_4^+ 存在。

（2）酸度的影响。

取 3 支试管，各加入 10 滴 0.1 mol·L^{-1} Na_2SO_3 溶液，然后分别加入 10 滴 1 mol·L^{-1} H_2SO_4、H_2O、6 mol·L^{-1} NaOH 溶液，摇匀后，再向 3 支试管中分别加入 2 滴 0.001 mol·L^{-1} $KMnO_4$ 溶液。观察 3 支试管中反应产物的不同，并写出有关反应方程式。

4. 浓度和酸度对氧化还原反应方向的影响

（1）浓度的影响。

①取 1 支试管，加入 1 mL H_2O、1 mL CCl_4 溶液和 1 mL 0.1 mol·L^{-1} $Fe_2(SO_4)_3$ 溶液，摇匀后，再加入 1 mL 0.1 mol·L^{-1} KI 溶液，充分振荡试管，观察 CCl_4 层的颜色。

②取 1 支试管，加入 1 mL CCl_4 溶液、1 mL 0.1 mol·L^{-1} $FeSO_4$ 和 1 mL 0.1 mol·L^{-1} $Fe_2(SO_4)_3$ 溶液，摇匀后，再加入 1 mL 0.1 mol·L^{-1} KI 溶液，充分振荡试管，观察 CCl_4 层的颜色。与实验①相比 CCl_4 层的颜色有何区别？

③在以上 2 支试管中，分别加入少许 NH_4F 固体，振荡后，观察 CCl_4 层颜色变化。

（2）酸度的影响。

取 1 支试管，加入 5 滴 0.1 mol·L^{-1} Na_3AsO_3 溶液，再加入 5 滴 I_2 溶液，观察溶液颜色。然后加入几滴 2 mol·L^{-1} HCl 溶液，有何变化？再加入 40% NaOH 溶液，又有何变化？写出化学反应方程式，并解释。

5. 酸度、温度和催化剂对氧化还原反应速度的影响

（1）酸度的影响。

取 2 支试管，各加入 1 mL 0.1 mol·L^{-1} KBr 溶液，然后分别加入 10 滴 3 mol·L^{-1}

NOTE

H_2SO_4溶液和 3 mol·L^{-1} HAc 溶液，再向 2 支试管中各加入 2 滴 0.001 mol·L^{-1} $KMnO_4$溶液。观察并比较 2 支试管中紫红色褪色的快慢。写出反应方程式，并解释。

（2）温度的影响。

取 2 支试管，分别加入 1 mL 0.1 mol·L^{-1} $H_2C_2O_4$溶液、5 滴 1 mol·L^{-1} H_2SO_4溶液和 1 滴 0.001 mol·L^{-1} $KMnO_4$溶液，摇匀，将其中 1 支试管放入 80 ℃水浴中加热，另 1 支试管不加热，观察 2 支试管褪色的快慢。写出反应方程式，并解释。

（3）催化剂的影响。

取 2 支试管，分别加入 2 滴 0.1 mol·L^{-1} $MnSO_4$溶液、1 mL 1 mol·L^{-1} H_2SO_4溶液和少许$(NH_4)_2S_2O_8$固体，振荡使其溶解。然后向其中 1 支试管中加入 2～3 滴 0.1 mol·L^{-1} $AgNO_3$溶液，另 1 支试管中不加，将 2 支试管同时放入水浴中加热。比较 2 支试管中现象有何不同，并解释。

五、注意事项

（1）取用液体试剂时，严禁将滴瓶中的滴管深入试管内，要悬空从试管上方按需滴入，且不能用其他滴管到试剂瓶中取试剂，以免污染试剂。取完试剂后，必须把滴管放回原试剂瓶中，不要放在实验台上，以免污染试剂。

（2）$FeSO_4$溶液和 Na_2SO_3溶液需新配制。

（3）电极 Cu 片、Zn 片、导线头及鳄鱼夹等必须用砂纸打磨干净；若接触不良，会影响伏特计的读数。

（4）试管中加入锌粒时，须将试管倾斜，让锌粒沿试管内壁滑入试管底部。

六、思考题

（1）影响电对电极电势大小的因素都有哪些？

（2）两电对的标准电极电势值相差越大，反应是否进行得越快？

（3）为什么 $K_2Cr_2O_7$能氧化浓盐酸中的 Cl^-，而不能氧化 NaCl 浓溶液中的 Cl^-？

（周　芳）

实验十四　加速实验法测定药物有效期

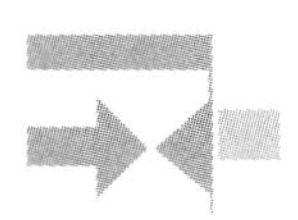

实验预习内容

分光光度计的使用，化学动力学方程和阿伦尼乌斯公式等相关理论知识。

扫码看 PPT

一、目的要求

(1) 掌握加速实验法测定药物有效期的方法。

(2) 熟悉化学动力学方程和阿伦尼乌斯公式等相关理论知识。

(3) 了解分光光度计的测量原理和方法。

二、实验原理

四环素在酸性溶液(pH 值<6)中，特别是在加热情况下易产生脱水四环素：

$$\text{四环素} \xrightarrow{H^+} \text{脱水四环素}$$

四环素　　　　脱水四环素

在脱水四环素分子中，由于共轭双键的数目增多，脱水四环素的颜色加深，对光的吸收程度增大，脱水四环素在 445 nm 处有最大吸收峰。

四环素在酸性溶液中变成脱水四环素的反应，在一定时间范围内属于一级反应。生成的脱水四环素在酸性溶液中呈橙黄色，其吸光度 A 与脱水四环素的浓度 c 成函数关系。利用这一颜色反应来测定四环素在酸性溶液中变成脱水四环素的动力学性质。

按一级反应动力学方程式：

$$\ln \frac{c_0}{c_t} = kt \tag{14-1}$$

则

NOTE

$$k = \frac{1}{t}\ln\frac{c_0}{c_t} \tag{14-2}$$

公式中，c_0 是 $t=0$ 时反应物的浓度，c_t 是反应到时间 t 时反应物的浓度。

设 x 为经过 t 时间后，反应物消耗掉的浓度，因此，有 $c_t = c_0 - x$，代入公式(14-2)中可得：

$$\ln\frac{c_0 - x}{c_0} = -kt \tag{14-3}$$

在酸性条件下，测定溶液吸光度的变化，用 A_∞ 表示四环素完全脱水变成脱水四环素的吸光度，A_t 代表在时间 t 时部分四环素变成脱水四环素的吸光度。则公式中可用 A_∞ 代表 c_0，$A_\infty - A_t$ 代替 $c_0 - x$。

即

$$\ln\frac{A_\infty - A_t}{A_\infty} = -kt \tag{14-4}$$

根据以上原理，可用分光光度法测定反应生成物的浓度的变化，并计算出反应的速率常数 k 值。实验可在不同温度下进行，测得不同温度下的速率常数 k 值，根据阿伦尼乌斯公式，用 $\ln k$ 对 $1/T$ 作图，得到一条直线，将直线外推到 25 ℃（即 $\frac{1}{298.15\ \text{K}}$ 处），即可得到该温度时的速率常数 k 值，据公式：

$$t_{0.9} = \frac{0.1054}{k} \tag{14-5}$$

可计算出药物的有效期。

三、仪器与试剂

1. 仪器 恒温水浴锅 4 套，分光光度计，分析天平，秒表，磨口锥形瓶(50 mL) 22 个，吸量管(15 mL)2 支，容量瓶(500 mL)2 个。

2. 试剂 盐酸四环素(s)，稀盐酸(分析纯)等。

四、实验步骤

(1) 溶液配制。用稀盐酸调节蒸馏水的 pH 值为 6，待用。然后称取盐酸四环素 500 mg，用 pH 值为 6 的蒸馏水配成 500 mL 溶液(使用时取上清液)。

(2) 将配好的溶液用 15 mL 吸量管分装入 50 mL 磨口锥形瓶内，塞好瓶口。

(3) 调节恒温水浴锅的温度分别为 80 ℃、85 ℃、90 ℃、95 ℃，每个水浴锅内放入 5 个装有溶液的磨口锥形瓶。

每隔 25 min 取出一个在 80 ℃恒温水浴锅中的磨口锥形瓶；每隔 20 min 取出一个在 85 ℃恒温水浴锅中的磨口锥形瓶；每隔 10 min 取出一个在 90 ℃、95 ℃恒温水浴锅中的磨口锥形瓶；用冰水迅速冷却磨口锥形瓶。然后在分光光度计上于 $\lambda=445$ nm 处，测定其吸光度 A_t，以配制的原液为空白液。

(4) 将一个装有原液的锥形瓶放入 100 ℃的水浴中，恒温孵育 1 h，取出后冷却

至室温，在分光光度计上于 $\lambda=445$ nm 处测 A_∞。

五、实验数据记录与处理

（1）记录并计算相关数据，填入表 2-14-1 中。

表 2-14-1　不同温度下样品的吸光度

室温________℃　　　　大气压________ mmHg

80 ℃		85 ℃		90 ℃		95 ℃	
t/min	A_t	t/min	A_t	t/min	A_t	t/min	A_t

（2）根据所推导的(14-4)公式，求出各温度下反应的速率常数 k 值，并填入表2-14-2。

表 2-14-2　不同温度下反应的速率常数 k 值

参数	80 ℃	85 ℃	90 ℃	95 ℃
$1/T$				
k				
$\ln k$				

（3）用 $\ln k$ 对 $1/T$ 作图，将直线外推至 $T=298$ K 即 25 ℃处，求出 25 ℃时 k 值，再根据公式(14-5)，求出 25 ℃时药物的有效期。

六、注意事项

（1）严格控制恒温时间，按时取出样品。取出样品后要迅速放入冰水中冷却以终止反应。

（2）测定溶液吸光度时，应注意避免比色皿由于溶液过冷而结雾影响测定。

（3）使用比色皿时须保证比色皿外侧干净且干燥，手指只能接触比色皿的毛面。

（4）比色皿需要用蒸馏水和待测溶液洗涤数次，装液时应使液面在其容量的2/3左右。

（5）测溶液的吸光度时，一定要先用配制的原液作为空白液调零、调百。

七、思考题

（1）本实验是否要严格控制温度？原因是什么？

（2）经过升温处理的样品，在测定前为什么要用冰水迅速冷却？

（宁军霞）

NOTE

实验十五　含铬废水的处理

扫码看 PPT

实验预习内容

活性炭的使用，铬的常见化合物的化学性质，铁氧体的概念。

一、目的要求

（1）掌握化学还原法处理含铬工业废水的实验原理。

（2）熟悉水质参数的测定方法，用分光光度法或目视比色法检验废水中铬的含量。

（3）了解工业废水的处理流程及除铬过程中各因素之间的关系。

二、实验原理

铬是毒性较高的元素之一。铬污染主要来源于电镀、制革及印染等工业废水的排放，以 $Cr_2O_7^{2-}$ 或 CrO_4^{2-} 形式的 Cr(Ⅵ)和 Cr(Ⅲ)存在。由于 Cr(Ⅵ)的毒性比 Cr(Ⅲ)的毒性大得多，为吞入性毒物和吸入性毒物，可造成遗传基因的缺陷，被人体吸入后可致癌，对环境也有持久危害，因此，含铬废水处理的基本原则是先将 Cr(Ⅵ)还原为 Cr(Ⅲ)，然后将其除去。

传统的含铬废水处理方法有离子交换法、电解法、化学还原法、物理处理法（如活性炭吸附法）、生物法等，其中，化学法占实际工程应用的很大比重。本实验介绍化学还原法和活性炭吸附法。

1. 化学还原法——铁氧体法　铁氧体是指具有磁性的 Fe_3O_4 中的 Fe^{2+}、Fe^{3+}，部分被与其离子半径相近的其他 +2 价或 +3 价金属离子（如 Cr^{3+}、Mn^{2+} 等）所取代而形成的以铁为主体的复合型氧化物。可用 $M_xFe_{(3-x)}O_4$ 表示，以 Cr^{3+} 为例，可写成 $Cr_xFe_{(3-x)}O_4$。

铁氧体法处理含铬废水的基本原理就是使废水中的 $Cr_2O_7^{2-}$ 或 CrO_4^{2-} 在酸性条件下与过量还原剂 $FeSO_4$ 作用生成 Cr^{3+} 和 Fe^{3+}，其反应为

$$Cr_2O_7^{2-}+6Fe^{2+}+14H^+ \rightleftharpoons 2Cr^{3+}+6Fe^{3+}+7H_2O$$

$$HCrO_4^-+3Fe^{2+}+7H^+ \rightleftharpoons Cr^{3+}+3Fe^{3+}+4H_2O$$

反应结束后加入适量碱液，调节溶液 pH 值并适当控制反应温度，加少量 H_2O_2 或通入空气搅拌，将溶液中过量的 Fe^{2+} 部分氧化为 Fe^{3+}，得到比例适当的 Cr^{3+}、Fe^{2+} 和 Fe^{3+}，并将其转化为沉淀。

$$Cr^{3+}+3OH^{-} \rightleftharpoons Cr(OH)_3\downarrow$$

$$Fe^{2+}+2OH^{-} \rightleftharpoons Fe(OH)_2\downarrow$$

$$Fe^{3+}+3OH^{-} \rightleftharpoons Fe(OH)_3\downarrow$$

当形成的 $Fe(OH)_2$ 和 $Fe(OH)_3$ 的量的比例约为 1∶2 时，可生成类似于 $Fe_3O_4 \cdot xH_2O$ 的磁性氧化物（铁氧体），其组成可写成 $\overset{2+}{Fe}\overset{3+}{Fe_2}O_4 \cdot xH_2O$，其中部分 Fe^{3+} 可被 Cr^{3+} 取代，使 Cr^{3+} 成为铁氧体的组成部分而沉淀下来。沉淀物经脱水等处理后，即可得到符合铁氧体组成的复合物。

铁氧体法处理含铬废水效果好，投资少，简单易行，沉渣量少且稳定。含铬铁氧体是一种磁性材料，可用于电子工业，既保护了环境，又利用了废物。

为检查废水处理的结果，常采用比色法分析水中的铬含量。其原理为 Cr(Ⅵ)在酸性介质中与二苯基碳酰二肼反应生成紫红色配合物，该配合物溶于水，其溶液颜色对光的吸收程度与 Cr(Ⅵ)的含量成正比。只要把样品溶液的颜色与标准系列的颜色比较（目视比较）或用分光光度计测出此溶液的吸光度，就能测定样品中Cr(Ⅵ)的含量。

如果水中有 Cr(Ⅲ)，可在碱性条件下用 $KMnO_4$ 将 Cr(Ⅲ)氧化为 Cr(Ⅵ)，然后再测定。为防止溶液中 Fe^{2+}、Fe^{3+} 及 $Hg_2{}^{2+}$、Hg^{2+} 等离子的干扰，可加入适量的 H_3PO_4 消除。

2. 活性炭吸附法 废水处理中，吸附法主要用于废水中的微量污染物的去除，以达到深度净化废水的目的。

活性炭有吸附铬的性能，但其吸附能力有限，只适合处理含铬量低的废水。活性炭具有吸附容量大、性能稳定、抗腐蚀、在高温解吸时结构稳定性好、解吸容易等特点，可吸附、解吸多次，反复使用。

三、仪器与试剂

1. 仪器 分光光度计，比色管（25 mL×10 支），比色管架，电子天平，酒精灯，三脚架，石棉铁丝网，碱式和酸式滴定管（25 mL 各 1 支），容量瓶（50 mL），量筒（10 mL，50 mL），烧杯（400 mL，250 mL），滤纸，磁铁，温度计（100 ℃）等。

2. 试剂 含铬废水（可自配：1.8 g $K_2Cr_2O_7$ 溶于 1000 mL 自来水中），H_2SO_4 溶液（3 $mol \cdot L^{-1}$），H_2SO_4-H_3PO_4 混酸溶液[15% H_2SO_4＋15% H_3PO_4＋70% H_2O（体积比）]，NaOH 溶液（6 $mol \cdot L^{-1}$），NaOH 溶液（0.78 $mol \cdot L^{-1}$），$FeSO_4$ 溶液（10%），$K_2Cr_2O_7$ 标准溶液（10.0 $mg \cdot L^{-1}$），$(NH_4)_2Fe(SO_4)_2$ 标准溶液（0.05 $mol \cdot L^{-1}$），H_2O_2 溶液（3%），二苯胺磺酸钠指示剂（1%），二苯基碳酰二肼溶液（0.1%），pH 试纸等。

四、实验步骤

1. 含铬废水中 Cr(Ⅵ)的测定 用移液管移取 25.00 mL 含铬废水于锥形瓶中，依次加入 10 mL H_2SO_4-H_3PO_4 混酸溶液和 30 mL 蒸馏水，滴加 4 滴二苯胺磺酸钠指示剂，充分摇匀。用$(NH_4)_2Fe(SO_4)_2$标准溶液滴定至溶液刚由红色变为绿色为止，记下滴定剂耗用体积，平行测定 3 次，求出废水中 $Cr_2O_7^{2-}$ 的浓度。

2. 含铬废水的处理

(1) 取 100 mL 含铬废水于 250 mL 烧杯中，不断搅拌下滴加 3 mol·L^{-1} H_2SO_4 溶液调节 pH 值约为 1，然后加入 10% 的 $FeSO_4$ 溶液，至溶液由浅蓝色变为亮绿色为止。

(2) 向烧杯中继续滴加 6 mol·L^{-1} NaOH 溶液，调节 pH 值为 8～9，然后将溶液加热至 70 ℃左右，在不断搅拌下继续滴加 6～10 滴 3% 的 H_2O_2 溶液，充分搅拌后冷却静置，使 Fe^{2+}、Fe^{3+}、Cr^{3+} 的氢氧化物沉淀沉降。

(3) 用倾泻法将上层清液转入另一个烧杯中以备测定残余 Cr(Ⅲ)。沉淀用蒸馏水洗涤数次，以除去 Na^+、K^+、SO_4^{2-} 等离子，然后将其转移到蒸发皿中，用小火加热，并不断搅拌沉淀蒸发至干。待冷却后，将沉淀物均匀地摊在干净的白纸上，另外用纸将磁铁裹住与沉淀物接触，检查沉淀物的磁性。

3. 处理后水质的检验

(1) 配制 Cr(Ⅵ)系列标准溶液和制作工作曲线：用移液管分别准确移取 $K_2Cr_2O_7$ 标准溶液 0.00 mL、1.00 mL、2.00 mL、3.00 mL、4.00 mL、5.00 mL，分别注入 50 mL 容量瓶中并用 1～6 分别编号，用洗瓶冲洗瓶口内壁，加入 20 mL 蒸馏水，10 滴 H_2SO_4-H_3PO_3 混酸溶液和 3 mL 0.1% 二苯基碳酰二肼溶液，最后用蒸馏水稀释至容量瓶刻度并摇匀(观察各溶液显色情况)，得到一系列紫红色溶液，此时瓶中含 Cr(Ⅵ)量分别为 0.000 mg·L^{-1}，0.200 mg·L^{-1}，0.400 mg·L^{-1}，0.600 mg·L^{-1}，0.800 mg·L^{-1}，1.000 mg·L^{-1}。在常温下放置 10 min 待溶液显色完全后，采用 1 cm 比色皿，在最大吸收波长 540 nm 处，以空白(1 号)作为对照，用分光光度计测定各瓶溶液的吸光度 A，以 Cr(Ⅵ)含量为横坐标，A 为纵坐标作图得到工作曲线。

(2) 处理后水中 Cr(Ⅵ)含量的检验：将步骤 2(3)中的上层清液(若有悬浮物应过滤)取 10 mL 2 份于两个 50 mL 容量瓶中(编号 7、8)，以下操作同步骤 3(1)，测出处理后水样的吸光度，从工作曲线上查出相应的 Cr(Ⅵ)的浓度，然后求出处理后水中残留 Cr(Ⅵ)的含量，确定是否达到国家工业废水的排放标准($<$0.5 mg·L^{-1})。

4. 活性炭吸附法

(1) 称取 20 g 活性炭。

(2) 取 100 mL 含铬废水于 250 mL 烧杯中，加入称取的 20 g 活性炭，搅拌。

(3) 静置 20 min 后过滤。

(4) 取滤液，用步骤 3(2)的方法测定滤液的吸光度，从工作曲线上查出相应的 Cr(Ⅵ)的浓度。

五、实验数据记录与处理

(1) 含铬废水中 Cr(Ⅵ)的测定：记录并计算相关数据，填入表 2-15-1 中。

表 2-15-1 滴定数据的记录和处理

项目	1	2	3
V(Cr(Ⅵ))/mL	25.00	25.00	25.00
$V((NH_4)_2Fe(SO_4)_2)_{始}$/mL			
$V((NH_4)_2Fe(SO_4)_2)_{终}$/mL			
$V((NH_4)_2Fe(SO_4)_2)$/mL			
c(Cr(Ⅵ))/(mg · L^{-1})			
相对平均偏差			

(2) 处理后水质的检验：绘制标准曲线。记录并计算相关数据，并填入表 2-15-2 中。

表 2-15-2 标准曲线的绘制

项目	1	2	3	4	5	6
Cr(Ⅵ)浓度/(mg · L^{-1})	0.000	0.200	0.400	0.600	0.800	1.000
A						

(3) 活性炭吸附法。

从标准曲线上查出样品溶液中的 Cr(Ⅵ)的浓度为________ mg · L^{-1}。

六、注意事项

(1) 在含铬废水的处理实验中，pH 值的调整一定要控制好，否则将影响铁氧体的组成和 Cr(Ⅵ)的还原。

(2) 配制的铬离子标准溶液需放在避光的地方，封闭严实，每次提取应当注意不能污染原液且配制的标准溶液应尽快使用，不得放置过久。

七、思考题

(1) 在含铬废水中加入 $FeSO_4$ 溶液后，为什么首先要调节 pH 值约为 2？之后为什么又要加入 NaOH 溶液调节 pH 值约为 7？为什么还要加入 H_2O_2 溶液？在这些步骤中，各发生了哪些对应的化学反应？

(2) 为了绘制标准曲线，需要配制系列标准溶液来测定吸光度，在配制系列标准溶液时，哪些试剂必须用移液管准确移取？

(3) 含铬废水处理后，如何检查含铬量是否已符合国家排放标准(每升含六价铬低于 0.5 mg)？

(陈莲惠)

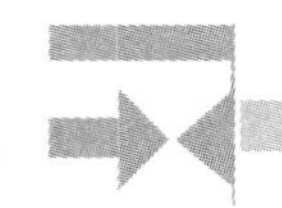

实验十六　硫酸亚铁铵的制备

扫码看 PPT

实验预习内容

硫酸亚铁铵的性质及制备方法，硫酸亚铁铵的制备操作，目视比色法及其应用。

一、目的要求

（1）掌握水浴加热、过滤、蒸发、结晶等基本操作。

（2）熟悉目视比色法检验产品中微量杂质的方法。

（3）了解复盐的结构、性质和一般制备方法。

二、实验原理

六水硫酸亚铁铵化学式为$(NH_4)_2Fe(SO_4)_2 \cdot 6H_2O$或$(NH_4)_2SO_4 \cdot FeSO_4 \cdot 6H_2O$，商品名为莫尔盐（Mohr's salt），为浅蓝绿色单斜晶体，它在空气中比一般的亚铁盐稳定，不易被氧化，易溶于水，难溶于乙醇、丙醇等有机溶剂。其价格低，制备工艺简单，应用广泛；其在化学上被用作还原剂，在工业上常被用作废水处理混凝剂，在农业上既被用作农药又被用作肥料，在定量分析中常被用作氧化还原滴定反应的基准物质。

本实验是由等量的硫酸亚铁和硫酸铵在水溶液中相互作用，经蒸发浓缩→结晶→过滤等操作制得的硫酸亚铁铵。

先将铁屑溶于稀硫酸生成硫酸亚铁：

$$Fe + H_2SO_4 \longrightarrow FeSO_4 + H_2 \uparrow$$

再将等物质的量的$(NH_4)_2SO_4$溶液加入，生成溶解度较小的硫酸亚铁铵。

$$FeSO_4 + (NH_4)_2SO_4 + 6H_2O \longrightarrow (NH_4)_2SO_4 \cdot FeSO_4 \cdot 6H_2O$$

由于复盐的溶解度比单盐要小，即硫酸亚铁铵在水中的溶解度比组成它的任何一个组分（$FeSO_4$或$(NH_4)_2SO_4$）的溶解度都要小，见表 2-16-1。因此经蒸发浓缩、冷却后，复盐在水溶液中首先结晶，形成硫酸亚铁铵晶体。

表 2-16-1　三种盐在水中不同温度下的溶解度(g/100 g)

温度/℃	溶解度		
	$FeSO_4\cdot 7H_2O$	$(NH_4)_2SO_4$	$(NH_4)_2SO_4\cdot FeSO_4\cdot 6H_2O$
0	28.8	70.6	17.8
10	40.0	73.0	18.1
20	48.0	75.4	21.2
30	60.0	78.0	24.5
40	73.3	81.0	—
50	—	84.5	31.3
60	100.7	88.0	—
70	—	91.9	38.5
80	79.9	95.3	—
90	—	98.0	—
100	57.8	103	—

在制备$(NH_4)_2SO_4\cdot FeSO_4\cdot 6H_2O$过程中，为了使它不被氧化和水解，溶液需要保持足够的酸度。

产品中可能含有杂质Fe^{3+}，可用限量分析法粗略估计其含量。限量分析法是将样品配制成一定浓度的溶液，然后与系列标准溶液进行目视比色或比浊，以确定杂质的含量范围。如果被分析溶液的颜色或浊度不超过某一标准溶液，则杂质含量就低于其相应的限度。Fe^{3+}与SCN^-能生成红色配合物$[Fe(SCN)_n]^{3-n}$，其颜色深浅与Fe^{3+}的量有关。将所制备的硫酸亚铁铵晶体与KSCN溶液在比色管中配制成待测溶液，将它所呈现的红色与含一定Fe^{3+}量所配制成的标准$[Fe(SCN)]^{2+}$溶液的红色进行比较（目视比色），确定待测溶液中杂质Fe^{3+}的含量范围，从而确定产品等级。

三、仪器与试剂

1. 仪器　台秤，水浴锅，锥形瓶(100 mL)，量筒(100 mL)，蒸发皿(60 mm)，漏斗，表面皿(60 mm)，酒精灯，比色管(25 mL)2支，布氏漏斗(60 mm)，吸滤瓶(500 mL)，真空泵。

2. 试剂　铁粉或铁屑，H_2SO_4溶液($3\ mol\cdot L^{-1}$)，KSCN溶液($0.1\ mol\cdot L^{-1}$)，Na_2CO_3溶液(10%)，Fe^{3+}标准溶液($0.01\ mol\cdot L^{-1}$)，HCl溶液($3\ mol\cdot L^{-1}$)，$(NH_4)_2SO_4$(固体)等。

四、实验步骤

1. 铁的净化　称取3.0 g的铁屑，放入锥形瓶中，加入10 mL 10% Na_2CO_3溶液，小火加热约10 min以除去铁上的油污，倾去碱液，先后用自来水和蒸馏水将铁屑清洗干净，如果使用不含油污的铁粉，此步可省略。

NOTE

2. 硫酸亚铁的制备　在盛有 3.0 g 铁粉的锥形瓶中加入 20 mL 3 mol·L^{-1} H_2SO_4溶液，水浴加热(温度为 70～80 ℃)，使铁粉与硫酸反应，直至不再有明显气泡出现为止(在通风橱中进行)。趁热减压过滤，将滤液(含有 $FeSO_4$)转移至蒸发皿中备用。

3. 硫酸亚铁铵的制备　根据 $FeSO_4$的理论产量，按 $FeSO_4$与(NH_4)$_2$$SO_4$质量比为 1∶0.75 称取固体($NH_4$)$_2$$SO_4$，配成饱和溶液，再加到上述含 $FeSO_4$的滤液中，搅拌溶解。将溶液蒸发浓缩至表面上出现晶膜为止。溶液冷却至室温后，采用减压过滤操作，收集的滤集物为硫酸亚铁铵晶体。最后进行水洗、干燥、称量、计算硫酸亚铁铵的产率。

4. 产品检验　主要是 Fe^{3+}限量检查。取 1.0 g 产品于 25 mL 比色管中，用 15 mL 不含氧的蒸馏水溶解，再加 2 mL 3 mol·L^{-1} HCl 溶液和 1 mL 0.1 mol·L^{-1} KSCN 溶液，继续加不含氧的蒸馏水至 25 mL 摇匀。与标准溶液(表 2-16-2)进行目视比色，确定产品等级。

表 2-16-2　标准溶液的制备(用 $K_3[Fe(SCN)_6]$配制)

加入项目	一级	二级	三级
0.01 mol·L^{-1} Fe^{3+}标准溶液/mL	5	10	20
3 mol·L^{-1} HCl 溶液/mL	2	2	2
0.1 mol·L^{-1} KSCN 溶液/mL	1	1	1
加不含氧的蒸馏水至 25 mL/mL	17	12	2

将上述三种试剂分别置于 25 mL 比色管中，作为标准比色液。

五、注意事项

(1) 在制备过程中，溶液要始终保持酸性，以防止 Fe^{2+}水解。

(2) 注意通风。

六、思考题

(1) 怎样才能得到大颗粒的晶体?

(2) 硫酸亚铁和硫酸亚铁铵性质有何不同?

(3) 反应是否应该在通风橱中进行? 为什么?

(姚惠琴)

实验十七　配位化合物的生成、性质和应用

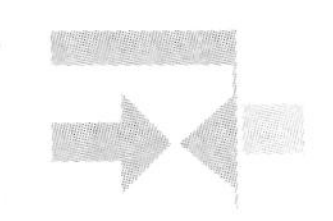

实验预习内容

配位化合物(配合物)的生成、性质,配位平衡与沉淀反应、氧化还原反应以及溶液酸度的关系,配合物在分析化学中的应用。

扫码看 PPT

扫码看操作微视频

一、目的要求

(1) 掌握配合物的生成及配离子与简单离子的区别。

(2) 熟悉配位平衡与沉淀反应、氧化还原反应以及溶液酸度的关系。

(3) 了解配合物在分析化学中的应用。

二、实验原理

配合物是由中心离子 M(金属离子或原子)与一定数目的中性分子或阴离子以配位键结合而形成的一类化合物。中心离子形成配合物后性质不同于原来的金属离子,具有新的化学特征,其颜色、酸碱性、溶解性及氧化还原性都会发生变化。如:

$$Cu^{2+} + 4NH_3 \rightleftharpoons [Cu(NH_3)_4]^{2+}$$

金属离子和配位体在溶液中形成配离子时存在配合平衡:

$$M^{n+} + aA^- \rightleftharpoons [MA_a]^{n-a}$$

根据平衡移动原理,改变金属离子或配体的浓度均会使平衡发生移动,从而导致配离子的生成或离解。当配体是弱酸根离子时,改变溶液的酸度会使 A^- 生成难电离的弱酸,平衡左移,配离子离解;在配离子溶液中加入某种沉淀试剂,使金属离子生成难溶性化合物,导致配离子离解;配合物的形成会改变金属离子的氧化还原能力,这是由于形成配合物后改变了溶液中金属离子的浓度,从而影响电极电势。如:

$$[Fe(SCN)_n]^{3-n} + 6F^- \rightleftharpoons [FeF_6]^{3-} + nSCN^-$$

$$[Cu(NH_3)_4]^{2+} + 4H^+ \rightleftharpoons Cu^{2+} + 4NH_4^+$$

$$[Ag(NH_3)_2]^+ + Br^- \rightleftharpoons 2NH_3 + AgBr\downarrow$$

配合物形成反应的速度与配合物形成反应进行的趋势是两个不同的概念。有些配合物形成反应进行的程度很大,但速度很慢,两者并不一致。

中心离子与多齿(多基)配体可形成配合物,由于配体与中心离子之间的配合形成封闭的环,所以称为螯合物。螯合物的稳定性与其环状结构和环的数目有关。

配合物有广泛的应用,在分析化学中往往可利用配合物的形成反应来进行元素的定性分析鉴定,消除杂质离子的干扰等。临床上使用的有些药物,它们对金属离子有强配合作用,这些药物通过与体内的金属离子结合而发挥生物效应。

三、仪器与试剂

1. 仪器 离心机,试管(10 mL×10 支),滴管,酒精灯,点滴板。

2. 试剂 $HgCl_2$溶液(0.1 mol·L^{-1}),$CuSO_4$溶液(0.1 mol·L^{-1}),$BaCl_2$溶液(0.1 mol·L^{-1}),$FeCl_3$溶液(0.1 mol·L^{-1}),KSCN 溶液(0.1 mol·L^{-1},1.0 mol·L^{-1}),$K_3[Fe(CN)_6]$ 溶液(0.1 mol·L^{-1}),$(NH_4)_2C_2O_4$溶液(0.1 mol·L^{-1}),氨水(0.5 mol·L^{-1},6.0 mol·L^{-1}),$NiSO_4$溶液(0.1 mol·L^{-1}),$CaCl_2$溶液(0.1 mol·L^{-1}),NaOH 溶液(0.1 mol·L^{-1},2.0 mol·L^{-1}),$CoCl_2$溶液(0.1 mol·L^{-1}),Na_2H_2Y溶液(EDTA,0.1 mol·L^{-1}),HCl 溶液(1.0 mol·L^{-1},6.0 mol·L^{-1}),$AgNO_3$溶液(0.1 mol·L^{-1}),$Na_2S_2O_3$溶液(0.5 mol·L^{-1}),KCN 溶液(0.5 mol·L^{-1}),KI 溶液(0.1 mol·L^{-1}),KBr 溶液(0.1 mol·L^{-1}),KCl 溶液(0.1 mol·L^{-1}),NH_4F 溶液(2.0 mol·L^{-1}),$CrCl_3$溶液(0.1 mol·L^{-1}),酚酞指示剂,四氯化碳溶液,丙酮或戊醇,$FeSO_4$溶液(0.1 mol·L^{-1}),0.25%邻菲罗啉,$NiSO_4$(0.1 mol·L^{-1}),1%二乙酰二肟。

四、实验步骤

1. 配离子的生成和配合物的组成

(1) 在试管中加入 2 滴 0.1 mol·L^{-1}的 $HgCl_2$溶液(有毒),逐滴加入 0.1 mol·L^{-1}的 KI 溶液,观察有无沉淀生成,然后再继续加入 KI 溶液,观察有何变化,试解释之,写出反应式。

(2) 在 2 支试管中各加 2 滴 0.1 mol·L^{-1}的 $CuSO_4$溶液,然后在 1 支试管中逐滴加入 0.1 mol·L^{-1}的 $BaCl_2$溶液,在另 1 支试管中加入 0.1 mol·L^{-1}的 NaOH 溶液数滴,观察现象,写出反应式。

再取 1 支试管加入 4 滴 0.1 mol·L^{-1}的 $CuSO_4$溶液,加入 6.0 mol·L^{-1}氨水 1 mL 摇匀,然后将此溶液分成两份,一份加 0.1 mol·L^{-1}的 $BaCl_2$溶液数滴,另一份加 0.1 mol·L^{-1}的 NaOH 溶液数滴,观察现象,并解释。

2. 简单离子和配离子的区别 在试管中加入 0.1 mol·L^{-1} $FeCl_3$溶液 2 滴,加少量 0.1 mol·L^{-1}的 KSCN 溶液,观察现象,写出反应式。以 0.1 mol·L^{-1}的 $K_3[Fe(CN)_6]$溶液代替 $FeCl_3$溶液,做同样的实验,观察现象并解释。

3. 配合平衡

(1) 配合平衡与介质的酸碱性。

①在试管中加入 0.1 mol·L^{-1}的 $FeCl_3$溶液 2 滴，再滴加少量 0.1 mol·L^{-1}的 KSCN 溶液，分成两份。一份中加入 0.1 mol·L^{-1}的 HCl 溶液数滴，另一份中加入 2 mol·L^{-1}的 NaOH 溶液数滴，讨论$[Fe(SCN)_6]^{3-}$在酸性和碱性溶液中的稳定性。

②在试管中加入 0.1 mol·L^{-1}的 $FeCl_3$溶液 2 滴，再滴加数滴 0.1 mol·L^{-1}的$(NH_4)_2C_2O_4$溶液，即有配离子$[Fe(C_2O_4)_3]^{3-}$生成，滴加 1 滴 0.1 mol·L^{-1}的 KSCN 溶液，有何现象发生？然后在溶液中滴加数滴 6 mol·L^{-1}的 HCl 溶液，有何现象发生？为什么？写出反应式。

③形成配合物时的 pH 值变化：在 1 支试管中滴加 1 mL 0.1 mol·L^{-1}的 $CaCl_2$，另 1 支中滴加 1 mL 0.1 mol·L^{-1}的 Na_2H_2Y(EDTA)溶液，各加 1 滴酚酞指示剂，并各滴加 0.5 mol·L^{-1}的氨水调到溶液刚刚变红时，将两溶液混合，有何变化？写出反应式，解释现象。

(2) 配合平衡与沉淀反应。

先查找 AgCl、AgBr、AgI 的溶度积和$[Ag(NH_3)_2]^+$、$[Ag(S_2O_3)_2]^{3-}$配离子的稳定常数，预测在下列各步实验中可能会发生的现象。

①在试管中加 2 滴 0.1 mol·L^{-1}的 $AgNO_3$溶液，再加同量的 0.1 mol·L^{-1}的 KCl 溶液。

②逐滴加入几滴 6 mol·L^{-1}氨水。

③再加入 2 滴 0.1 mol·L^{-1}的 KBr 溶液。

④逐滴加入 2 滴 0.1 mol·L^{-1}的 $Na_2S_2O_3$溶液。

⑤再加入 2 滴 0.1 mol·L^{-1}的 KI 溶液。

(3) 配合平衡与氧化还原反应。

在试管中滴加数滴 0.1 mol·L^{-1}的 $FeCl_3$溶液，滴加 0.1 mol·L^{-1}的 KI 溶液至出现黄棕色，然后加入 0.5 mL 四氯化碳溶液，振摇后，观察四氯化碳层的颜色，写出反应式。在另一试管中加数滴 0.1 mol·L^{-1}的 $FeCl_3$溶液，逐滴加入 2 mol·L^{-1}的 NH_4F 溶液至溶液变为无色，再滴入 0.1 mol·L^{-1}的 KI 溶液和四氯化碳溶液，振摇后，观察四氯化碳层的颜色，解释现象并写出有关的反应式。

4. 配合物的稳定性

(1) 在试管中加入 10 滴 0.1 mol·L^{-1}的 $CrCl_3$溶液，再滴加 0.1 mol·L^{-1}的 Na_2H_2Y(EDTA)溶液 2 mL，混匀，观察有无配合物生成(Cr^{3+}与 EDTA 生成的配合物呈深紫色)。将溶液加热，观察现象，观察有无配合物生成，并解释现象。

(2) 查出 Cr^{3+}与 EDTA 生成的配合物的稳定常数，讨论：Cr^{3+}与 EDTA 不易形成配合物的原因是配合物不稳定吗？

5. 配合物在分析化学上的应用

(1) 利用形成显色配合物来鉴定某些离子。

①Fe^{2+}的鉴定：Fe^{2+}与邻菲罗啉在微酸性溶液中生成橘红色的配离子($K^{\ominus}_{不稳}=5.0\times10^{-22}$)，而 Fe^{3+}无此反应。

$$Fe^{2+} + 3\ \text{(N, N 邻菲罗啉)} \longrightarrow \left[Fe^{2+} \leftarrow \left(\text{N, N 邻菲罗啉}\right)_3\right]^{2+}$$

在小试管中加 1 滴 0.1 mol·L^{-1}的 $FeSO_4$，逐滴加入 0.25%的邻菲罗啉，溶液变成橘红色，表示溶液中有 Fe^{2+}存在。

②Ni^{2+}的鉴定：Ni^{2+}与二乙酰二肟作用生成鲜红色的内络盐沉淀。

$$Ni^{2+} + 2\ \begin{matrix} H_3C-C{=}NOH \\ H_3C-C{=}NOH \end{matrix} \longrightarrow \text{鲜红色内络盐沉淀} + 2H^+$$

从上面的反应可看出，H^+不利于 Ni^{2+}的检出，二乙酰二肟是弱酸，H^+浓度太高，Ni^{2+}沉淀不完全或不生成沉淀；但 H^+浓度也不能太低，否则会生成 $Ni(OH)_2$沉淀，合适的酸度是 pH 值为 5～10。

在试管中加入 0.1 mol·L^{-1}的 $NiSO_4$溶液 1 滴、6.0 mol·L^{-1}氨水 1 滴和 1%二乙酰二肟 1 滴，有鲜红色螯合物沉淀生成，表示有 Ni^{2+}存在。

(2) 利用配合物掩蔽干扰离子。

①在鉴定或分离离子时，常常利用形成配合物的方法把干扰离子掩蔽起来。例如 Co^{2+}的鉴定，可利用它与 SCN^-的配位反应生成$[Co(SCN)_4]^{2-}$，该配离子易溶于有机溶剂呈现蓝绿色，若 Co^{2+}溶液中有 Fe^{3+}，Fe^{3+}就会与 SCN^-生成血红色的配离子而产生干扰，这时可利用 Fe^{3+}与 F^-形成更稳定的无色$(FeF_6)^{3-}$，把 Fe^{3+}掩蔽起来，从而避免它的干扰。

②取 1 滴 0.1 mol·L^{-1}的 $FeCl_3$溶液和 4 滴 0.1 mol·L^{-1}的 $CoCl_2$溶液于同一试管中，加入几滴 1.0 mol·L^{-1}的 KSCN 溶液，有何现象？逐滴加入 2.0 mol·L^{-1}的 NH_4F 溶液，并振摇试管，结果如何？等溶液的血红色褪去后，加几滴戊醇或丙酮，振摇静置观察戊醇或丙酮层的颜色。

五、注意事项

(1) $HgCl_2$、$CrCl_3$等重金属离子试剂都有毒，使用时须注意安全。切勿接触伤口，用完试剂后须洗手，剩余的废液不能随便倒入下水道，必须统一收集在废液缸里，由专业的废液处理公司处理。

(2) NH_4F 试剂对玻璃有腐蚀作用，最好放在塑料瓶中储存。

六、思考题

(1) 总结在本实验中观察到的现象，说明配离子与简单离子的区别。

(2) 试总结影响配位平衡的主要因素。

(3) 实验中所用 EDTA 是什么物质？它与单基配体相比有何特点？

(4) 为什么 Na_2S 不能使 $K_3[Fe(CN)_6]$产生 FeS 沉淀，而饱和的 H_2S 溶液能使 $[Cu(NH_3)_4]^{2+}$ 溶液产生 CuS 沉淀？

(袁友泉)

NOTE

实验十八　三草酸合铁(Ⅲ)酸钾的制备

扫码看 PPT

实验预习内容

水浴加热、冷却、结晶、重结晶等基本操作，三草酸合铁酸钾的制备。

一、目的要求

(1) 掌握合成 $K_3[Fe(C_2O_4)_3]\cdot 3H_2O$ 的基本原理和操作技术。

(2) 熟悉水浴加热、冷却、结晶、重结晶、洗涤、干燥等基本操作。

(3) 了解盐析的原理和操作方法。

二、实验原理

$K_3[Fe(C_2O_4)_3]\cdot 3H_2O$ 是一种翠绿色的单斜晶体，25 ℃时，100 g 水中的溶解度为 4.7 g，110 ℃时开始失去结晶水，230 ℃时开始分解。该配合物见光、高温和强酸性条件下易分解，易溶于水，难溶于醇、醚、酮等有机溶剂，是制备负载型活性铁催化剂的主要原料。

本实验以硫酸亚铁铵为原料，与草酸在酸性溶液中先制得草酸亚铁沉淀，然后再用草酸亚铁在草酸钾和草酸的存在下，以过氧化氢为氧化剂，制得铁(Ⅲ)草酸配合物。主要反应为

$$(NH_4)_2Fe(SO_4)_2\cdot 6H_2O+H_2C_2O_4 \longrightarrow FeC_2O_4\cdot 2H_2O\downarrow +(NH_4)_2SO_4+H_2SO_4+4H_2O$$

$$6FeC_2O_4\cdot 2H_2O+3H_2O_2+6K_2C_2O_4 \longrightarrow 4K_3[Fe(C_2O_4)_3]\cdot 3H_2O+2Fe(OH)_3\downarrow$$

$$2Fe(OH)_3+3H_2C_2O_4+3K_2C_2O_4 \longrightarrow 2K_3[Fe(C_2O_4)_3]\cdot 3H_2O$$

改变溶剂极性并加入少量盐析剂，可析出纯的翠绿色单斜晶体三草酸合铁(Ⅲ)酸钾。

三草酸合铁(Ⅲ)酸钾配合物具有光敏活性，在紫外线的作用下，发生光化学反应，产生二价铁，当二价铁与赤血盐相遇时产生滕氏蓝从而显蓝色，其化学反应为

$$2K_3[Fe(C_2O_4)_3]\xrightarrow{hv}2FeC_2O_4+2CO_2+3K_2C_2O_4$$

$$K_3[Fe(CN)_6]+FeC_2O_4 \longrightarrow KFe[Fe(CN)_6]+K_2C_2O_4$$

三、仪器与试剂

1. 仪器 托盘天平，抽滤装置（水泵，布氏漏斗，抽滤瓶），烧杯（250 mL，100 mL），量筒（100 mL），水浴锅，表面皿，煤油温度计（0～100 ℃）。

2. 试剂 $(NH_4)_2Fe(SO_4)_2 \cdot 6H_2O$，$H_2SO_4$溶液（1.0 mol·$L^{-1}$），$H_2C_2O_4$溶液（饱和），$K_2C_2O_4$（饱和），$KNO_3$溶液（300 g·$L^{-1}$），$K_3[Fe(CN)_6]$溶液（5%），$H_2O_2$溶液（3%），乙醇（95%）。

四、实验步骤

(1) 草酸亚铁的制备：称取 5.0 g 硫酸亚铁铵固体放在 250 mL 烧杯中，然后加 15.0 mL 蒸馏水和 5～6 滴 1.0 mol·L^{-1} H_2SO_4溶液，加热溶解后，再加入 25.0 mL 饱和草酸溶液，加热搅拌至沸腾，然后迅速搅拌片刻，防止飞溅。停止加热，静置。待黄色晶体 $FeC_2O_4 \cdot 2H_2O$ 沉淀后，弃去上层清液，加入 20.0 mL 蒸馏水洗涤晶体，搅拌并温热，静置，弃去上层清液，即得黄色晶体草酸亚铁。

(2) 三草酸合铁(Ⅲ)酸钾的制备：往草酸亚铁沉淀中加入饱和 $K_2C_2O_4$溶液 10.0 mL，水浴加热至 40 ℃，恒温下慢慢滴加 3%的 H_2O_2溶液 20.0 mL，沉淀转为深棕色。边加边搅拌，加完后将溶液加热至沸腾，然后趁热逐滴加入 20.0 mL 饱和草酸溶液，沉淀立即溶解，溶液转为绿色。趁热抽滤，滤液转入 100 mL 烧杯中，加入 95%的乙醇 25.0 mL，混匀后冷却，可以看到烧杯底部有晶体析出。为了加快结晶速度，可往其中滴加几滴 KNO_3溶液。晶体完全析出后，抽滤，用 10.0 mL 乙醇分多次淋洒滤饼，抽干混合液。固体产品置于一表面皿上，置于暗处晾干。称量，计算产率。

(3) 感光液的制备：将 0.5 g 三草酸合铁(Ⅲ)酸钾溶于 5.0 mL 蒸馏水中，滴加 5 滴 $K_3[Fe(CN)_6]$溶液（5%），搅拌均匀后，用玻棒蘸取溶液在纸面上写字，在日光下观察字迹颜色变化。

五、实验数据记录与处理

(1) 产品的外观________________，称量得产品质量为________________，计算产品的产率为________________。

(2) 感光液的制备中，日光下字迹颜色变化为________________。

六、注意事项

(1) 制备草酸亚铁时须搅拌，防止飞溅。

(2) 水浴加热时须控制温度。

(3) 析出晶体之前不能加热蒸发浓缩。

七、思考题

(1) 能否直接用三价铁制备三草酸合铁(Ⅲ)酸钾，如 $FeCl_3$ 等？

(2) 为什么在滴加 H_2O_2 溶液过程中需要控制温度？

(3) 滴加 KNO_3 溶液起到什么作用？

(4) 最后能否在析出晶体之前适当浓缩溶液？

(5) 什么叫复盐？它与配合物有何区别？

(张　倩)

实验十九　分光光度法测定样品中微量铁的含量

实验预习内容

分光光度计的使用，Fe^{3+}的化学性质。

扫码看 PPT 及操作微视频

一、目的要求

（1）掌握分光光度法测定样品中微量铁的化学原理和方法，及分光光度计的使用方法。

（2）熟悉标准曲线的绘制方法。

（3）了解分光光度计的基本结构和工作原理。

二、实验原理

1. 分光光度法的基本原理　溶液中的有色物质对光可以选择性地吸收，利用物质对不同波长单色光的吸收程度不同来分析物质结构和含量的方法称为分光光度法，也称为吸收光谱分析法。分光光度法所使用的仪器称为分光光度计，当单色光通过溶液时，光的能量会被溶液吸收而减弱。吸光度 A（光的能量的减弱程度）和物质的量浓度（c）、液层厚度（b）之间的关系符合 Lambert-Beer 定律：

$$A=\varepsilon\cdot b\cdot c$$

式中：c 是溶液的物质的量浓度，单位为 $mol\cdot L^{-1}$；b 是液层厚度，单位为 cm；ε 是摩尔吸光系数（absorptivity），单位为 $L\cdot mol^{-1}\cdot cm^{-1}$，其物理意义是液层厚度为 1 cm、浓度为 1 $mol\cdot L^{-1}$的吸光物质溶液对光的吸收程度。

若用质量浓度 ρ（$g\cdot L^{-1}$）代替物质的量浓度，则上述表达式又可表示为

$$A=a\cdot b\cdot \rho$$

式中，a 称为质量吸光系数，单位为 $L\cdot g^{-1}\cdot cm^{-1}$。

在给定单色光、溶剂和温度等条件下，ε、a 均为物质的特征常数，表明物质对某一特定波长光的吸收能力。若入射光、温度和液层厚度均恒定时，吸光度与溶液的浓度成正比。分光光度计就是根据上述原理设计的。

由于同一物质对不同波长的光的吸收各不相同，在吸收程度最大的条件下测

NOTE

定，灵敏度和准确度最高。因此，在进行定量分析时首先要选择最大吸收波长。可利用绘制吸收曲线（即吸收光谱）的方法来选择最大吸收波长。具体操作：配制一个适当浓度的溶液，在不同波长处测定吸光度，以波长为横坐标、吸光度为纵坐标，绘制一条光滑的吸收曲线。在吸收曲线上找到峰值所对应的波长，即最大吸收波长 λ_{max}。

测定方法如下。

（1）标准曲线法：标准曲线法是分光光度法中最常用的方法。首先取标准品配制一系列已知浓度的标准溶液，在最大吸收波长 λ_{max} 处测定它们的吸光度，以波长为横坐标、吸光度为纵坐标，绘制一条通过坐标原点的直线，即 A-c 标准工作曲线。然后将浓度为 c_x 的样品溶液，在相同仪器、相同方法和相同条件下，测定其吸光度 A_x。根据吸光度在标准曲线上找出对应的浓度。此法适用于经常性的批量测定分析工作。

采用此法时，应注意使标准溶液与被测溶液在相同条件下测量，且溶液的浓度应在标准曲线的线性范围内。

（2）标准对照法：首先配制一个与被测溶液浓度相近的标准溶液，其浓度用 c_s 表示，在 λ_{max} 处测定它的吸光度 A_s，然后在相同条件下测定浓度为 c_x 的样品溶液的吸光度 A_x，则试样溶液浓度 c_x 可按下式求得：

$$c_x = \frac{A_x}{A_s} \times c_s$$

此方法适用于非经常性的分析工作。

2. Fe^{3+} 的显色原理 如果被测物质没有颜色或颜色太浅，可加入合适的显色剂生成有色物。

微量铁的测定有磺基水杨酸法、硫代甘醇酸法、邻二氮菲法、硫氰酸盐法等。本实验用硫氰酸钾作为显色剂与 Fe^{3+} 反应生成血红色物质 $[Fe(SCN)_6]^{3-}$，反应式如下。

$$Fe^{3+} + 6SCN^- \rightleftharpoons [Fe(SCN)_6]^{3-}$$

实验中需将溶液中的少量 Fe^{2+} 转变为 Fe^{3+}，方法是加入氧化剂，但又要防止 SCN^- 被氧化，故一般加入 0.05～0.5 mol·L^{-1} 的 HNO_3，它既可以调节酸度，又可以起到氧化剂的作用。Fe^{3+} 与 SCN^- 反应是分级进行的，产物随 SCN^- 浓度不同而不同，故需加入过量的显色剂，这样更有利于形成 $[Fe(SCN)_6]^{3-}$。$[Fe(SCN)_6]^{3-}$ 不稳定，见光易分解，故实验时操作需迅速，避免受强光长时间照射。此外，Fe^{3+} 还会被 SCN^- 慢慢还原为 Fe^{2+}，使红色变浅，所以在溶液中加入少量过二硫酸铵 $(NH_4)_2S_2O_8$。

三、仪器与试剂

1. 仪器 可见分光光度计 1 台，容量瓶（50.00 mL）7 个，移液管（5.00 mL）4 支，移液管架，洗耳球，洗瓶，胶头滴管，烧杯（50 mL，100 mL）各 1 个。

NOTE

2. 试剂 Fe^{3+}标准溶液(0.05 mg·mL^{-1}),待测Fe^{3+}样品溶液(含Fe^{3+} 0.02～0.03 mg·mL^{-1}),KSCN溶液(3 mol·L^{-1}),HNO_3溶液(0.2 mol·L^{-1}),$(NH_4)_2S_2O_8$溶液(3%)。

四、实验步骤

1. 配制标准溶液和样品溶液 取7个洁净的50 mL容量瓶,按下表中的试剂和用量,用移液管分别准确移取,加蒸馏水稀释至刻度,摇匀,即配成空白溶液、样品溶液和一系列不同浓度的标准溶液。记录并计算相关数据,填入表2-19-1中。

表2-19-1 空白溶液、标准溶液和样品溶液的配制

加入项目	0号	1号	2号	3号	4号	5号	6号
Fe^{3+}标准溶液/mL	—	1.00	2.00	3.00	4.00	5.00	5.00(样品)
0.2 mol·L^{-1} HNO_3溶液/mL	3.00	3.00	3.00	3.00	3.00	3.00	3.00
3 mol·L^{-1} KSCN溶液/mL	5.00	5.00	5.00	5.00	5.00	5.00	5.00
3% $(NH_4)_2S_2O_8$/滴	1	1	1	1	1	1	1
定容/mL	50.00	50.00	50.00	50.00	50.00	50.00	50.00
Fe^{3+}浓度/(mg·mL^{-1})							

2. 吸收曲线的绘制(测定最大吸收波长) 将上述配好的空白溶液0号和标准溶液3号分别装入1 cm的比色皿中,按照前面仪器使用的方法,以空白溶液调节零点,在波长430～540 nm范围内,间隔5 nm分别测定吸光度A。以波长λ为横坐标、吸光度A为纵坐标,将测得值逐点描绘并连成一条光滑的吸收曲线,确定λ_{max}。

3. Fe^{3+}含量的测定

(1) 标准曲线的绘制:将波长调到λ_{max},取1 cm比色皿两只,一只盛0号液(空白溶液),另一只分别盛1～5号标准溶液,测定各溶液的吸光度A。以Fe^{3+}的浓度c为横坐标,A为纵坐标,绘制浓度-吸光度标准曲线。

(2) 样品液中Fe^{3+}含量的测定:将波长调到λ_{max},取1 cm比色皿两只,一只盛0号液(空白溶液),另一只盛6号样品溶液,测定溶液的吸光度A_x。从标准曲线上查得A_x对应的Fe^{3+}浓度,计算出样品中铁的含量。

五、实验数据记录与处理

1. 绘制吸收曲线并确定λ_{max} 记录并计算相关数据,填入表2-19-2中。

表2-19-2 吸收曲线的绘制

λ/nm	
A	

2. 绘制标准曲线 记录并计算相关数据,填入表2-19-3中。

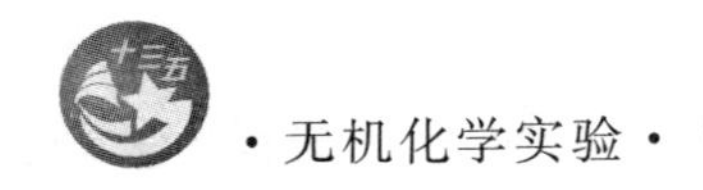

表 2-19-3　标准曲线的绘制

项目	1号	2号	3号	4号	5号	6号
Fe^{3+}浓度/($mg \cdot mL^{-1}$)						
A						

3. 待测样品中 Fe^{3+} 的含量

从标准曲线上查出样品溶液中的 Fe^{3+} 的浓度为____________ $mg \cdot mL^{-1}$。

计算出原未知溶液中 Fe^{3+} 的浓度为____________ $mg \cdot mL^{-1}$。

六、注意事项

(1) 配制标准溶液或样品溶液时，含铁溶液的体积和定容时水加入的体积必须准确。

(2) 绘制吸收曲线时，必须使曲线光滑，尤其在吸收光谱峰值附近，可考虑多测几个波长对应的 A。

(3) 绘制标准曲线时，测定标准溶液的吸光度时应按照浓度由稀向浓的梯度进行。

(4) 普通分光光度计的比色皿包括两个光面(光线通过)和两个毛面，手指只能接触毛面。使用时须保证比色皿外侧干净且干燥。

(5) 比色皿需要用蒸馏水和待测溶液洗涤数次，装液时应使液面在其容量的2/3左右。

七、思考题

(1) 为什么要选最大吸收波长处测定溶液的吸光度?

(2) 测定铁含量时，应使用标准曲线哪一部分? 为什么?

(3) 本实验中哪些试剂需要准确移取?

(4) 为什么待测溶液与标准溶液的配制及光度测定条件要相同?

(5) 使用比色皿时需要注意哪些问题?

(陈莲惠)

实验二十　未知阴离子混合液的分析

实验预习内容

常见阴离子的化学性质。

扫码看 PPT

一、目的要求

（1）掌握常见阴离子的检出方法。

（2）熟悉不同阴离子的特征性质及分离、检出原理。

（3）进一步了解培养观察实验和分析现象中所遇到的问题的能力。

二、实验原理

由于阴离子具有的氧化还原性不同，因此，能共存的阴离子很少，多数情况下，阴离子之间并不妨碍互相鉴定；并且许多阴离子有特征反应，通常采用个别鉴定的方法来区别阴离子。为了提高鉴定效率，一般先通过初步实验判断无法存在的阴离子，继而对个别离子进行鉴定。

1. 初步实验

（1）试液酸碱性的检验：用 pH 试纸对试液酸碱性进行测定，如果是强酸性，则溶液中不会存在 NO_2^-、S^{2-}、$S_2O_3^{2-}$、SO_3^{2-}、CO_3^{2-}，同时，溶液中如果有 PO_4^{3-}，也是以 H_3PO_4形式存在；如果是碱性，则加入 H_2SO_4酸化，微热，如果有气泡生成，根据气体的颜色及气味，判断存在 NO_2^-、S^{2-}、$S_2O_3^{2-}$、SO_3^{2-}、CO_3^{2-}的可能。

（2）用 $BaCl_2$进行检验：用氨水使试液呈碱性，再加入 $BaCl_2$溶液，如果有白色沉淀生成，则可能有 S^{2-}、$S_2O_3^{2-}$、SO_3^{2-}、CO_3^{2-}。

（3）用 $AgNO_3$进行检验：取 3～4 滴试液，加入 $AgNO_3$溶液中，如果有黑色沉淀生成，表示有 S^{2-}；如果先生成白色或者黄色沉淀，且沉淀立即变黄色，然后变棕色，最后变黑色，表示有 $S_2O_3^{2-}$；离心，在沉淀中加入 HNO_3溶液，沉淀不溶解或者部分溶解，则可能有 Cl^-、Br^-、I^-。

（4）还原性阴离子检验：在 H_2SO_4酸化后的溶液中加入数滴 $KMnO_4$溶液，如果 MnO_4^-溶液紫红色褪去，则可能有 SO_3^{2-}、S^{2-}、$S_2O_3^{2-}$、NO_2^-、Br^-、I^-等还原性离子。

NOTE

在用 NaOH 碱化后的试液中加入数滴 $KMnO_4$ 溶液，如果 MnO_4^- 溶液紫红色褪去，则可能有 SO_3^{2-}、S^{2-}、$S_2O_3^{2-}$、NO_2^-、Br^-、I^- 等还原性离子。

检验出还原性离子后，再用淀粉-碘溶液进一步检验是否存在强还原性离子，若加入淀粉-碘溶液后，蓝色褪去，则表示可能存在 SO_3^{2-}、S^{2-}、$S_2O_3^{2-}$ 等离子。

(5) 氧化性阴离子检验：在用 H_2SO_4 酸化后的溶液中加入 CCl_4 溶液和 2 滴 KI 溶液，振荡试管，如果 CCl_4 层呈紫色，表示溶液中存在 NO_2^-。

经过初步实验，可以大致判断出哪些阴离子可能存在；对可能存在的阴离子，采用个别鉴定法分别检出，最后确定试液中有哪些阴离子。

2. 常见阴离子个别鉴定

(1) NO_2^- 的检出：取 2 滴试液于点滴板上，加 1 滴 HAc 溶液酸化，加 1 滴对氨基苯磺酸和 1 滴 α-萘胺。如有玫瑰红色出现，表示有 NO_2^- 存在。

(2) NO_3^- 的检出：用镊子取一小粒 $FeSO_4 \cdot 7H_2O$ 固体于点滴板上，滴入 1 滴试液，再在晶体边缘加 1 滴浓 H_2SO_4，如有棕色圆环形成，表示有 NO_3^-。

如果溶液中有 NO_2^- 也会发生类似反应，产生干扰，可滴加尿素与 H_2SO_4 溶液，加热后可消除干扰。

如果溶液中有 Br^- 和 I^- 也会产生干扰，原因是 Br^- 和 I^- 与浓 H_2SO_4 溶液发生反应生成 Br_2 和 I_2，与棕色圆环的颜色相似，因此必须先予以除去。方法是在试液中加入少量固体 Ag_2SO_4，加热并搅拌数分钟，再滴加 Na_2CO_3 溶液，以沉淀溶液中的 Ag^+，离心分离，弃去沉淀，然后取离心液作检出 NO_3^- 用。

(3) S^{2-} 的检出：取 2 滴试液于点滴板上，加 1 滴 NaOH 溶液和 1 滴 $Na_2[Fe(CN)_5NO]$ 溶液，溶液为紫色，表示有 S^{2-}。

(4) SO_3^{2-} 的检出：取 2 滴试液于点滴板上，加入饱和 $ZnSO_4$ 溶液、$K_4[Fe(CN)_6]$ 溶液、$Na_2[Fe(CN)_5NO]$ 溶液和 $NH_3 \cdot H_2O$ 溶液各 1 滴，生成红色沉淀，表示有 SO_3^{2-}。

如果溶液中有 S^{2-} 会产生干扰，原因是在碱性条件下，S^{2-} 与 $Na_2[Fe(CN)_5NO]$ 作用，溶液呈紫色，对 SO_3^{2-} 鉴定有干扰，因此必须先予以除去。方法是在试液中加入少量固体 $PbCO_3$，搅拌。若沉淀为纯黑色，需继续加入少量 $PbCO_3$，直到固体呈灰色为止。离心分离，取 1 滴清液检测 S^{2-} 是否除尽。弃沉淀，保留清液用以检测 SO_3^{2-}。

(5) $S_2O_3^{2-}$ 的检出：取 2 滴试液于点滴板上，加入过量 $AgNO_3$ 溶液，若生成白色沉淀，立即变成棕色，最后为黑色，表示有 $S_2O_3^{2-}$。

S^{2-} 会产生干扰，需先分离。

(6) SO_4^{2-} 的检出：取 4 滴试液于试管中，用 HCl 溶液酸化后，加入 $BaCl_2$ 溶液，生成白色沉淀，表示有 SO_4^{2-}。

$S_2O_3^{2-}$ 会产生干扰，应先用 HCl 溶液酸化除去沉淀，再进行 SO_4^{2-} 检出。

NOTE

(7) PO_4^{3-} 的检出：取 4 滴试液于试管中，加入 3～5 滴浓 HNO_3，煮沸，将还原性阴离子氧化，以消除 $S_2O_3^{2-}$、SO_3^{2-} 等离子的干扰，否则六价钼会被还原成低价“磷钼蓝”，再加 8～10 滴 $(NH_4)_2MoO_4$ 溶液，微热，用玻棒摩擦试管内壁，有黄色晶形沉淀生成，表示有 PO_4^{3-}。

(8) CO_3^{2-} 的检出：取 10 滴试液于试管中，加入等体积的 HCl 溶液，立即用附有滴管的软木塞将试管口塞紧，滴管中盛几滴饱和 $Ba(OH)_2$ 溶液，如有气泡产生且 $Ba(OH)_2$ 溶液变浑浊，表示有 CO_3^{2-}。

$S_2O_3^{2-}$、SO_3^{2-} 会产生干扰，需先在试液酸化前加 4～6 滴 H_2O_2 溶液，以消除干扰离子。

(9) Cl^- 的检出：取 10 滴试液于离心管中，加入 5 滴 HNO_3 溶液酸化，再加入 20 滴 $AgNO_3$ 溶液，如果有白色沉淀生成，将离心管在水浴上微热 1 min，离心后保留沉淀，在沉淀里加入 10 滴 $(NH_4)_2CO_3$ 溶液，如沉淀溶解，再滴加 5 滴 HNO_3 溶液酸化后又重新生成白色沉淀，表示有 Cl^-。

(10) Br^- 的检出：取 10 滴试液于试管中，加入 3 滴 H_2SO_4 溶液和 1 mL CCl_4 溶液，逐滴加入氯水并振荡，如果 CCl_4 层出现黄色或橙红色，表示有 Br^-。

(11) I^- 的检出：取 10 滴试液于试管中，加入 3 滴 H_2SO_4 溶液和 1 mL CCl_4 溶液，逐滴加入氯水并振荡，如果 CCl_4 层出现紫色又褪至无色，表示有 I^-。

三、仪器与试剂

1. 仪器 离心机，离心管(2 mL)5 支，试管(10 mL)12 支，烧杯(500 mL)，点滴板，滴管，水浴锅，有滴管的软木塞等。

2. 试剂 pH 试纸，$PbCO_3$(s)，$FeSO_4 \cdot 7H_2O$(s)，尿素(s)，Ag_2SO_4(s)，对氨基苯磺酸(0.5 g 溶于 150 mL 2 $mol \cdot L^{-1}$ HAc 溶液)，α-萘胺(0.3 g 溶于 20 mL 水中，煮沸，加入 150 mL 2 $mol \cdot L^{-1}$ HAc 溶液)，CCl_4 溶液，$(NH_4)_2CO_3$ 溶液(12%)，$BaCl_2$ 溶液(1.0 $mol \cdot L^{-1}$)，$Na_2[Fe(CN)_5NO]$ 溶液(1%)，$AgNO_3$ 溶液(0.1 $mol \cdot L^{-1}$)，$K_4[Fe(CN)_6]$ 溶液(0.1 $mol \cdot L^{-1}$)，$NH_3 \cdot H_2O$ 溶液(2.0 $mol \cdot L^{-1}$)，浓 HNO_3 溶液(6.0 $mol \cdot L^{-1}$)，浓 H_2SO_4(2.0 $mol \cdot L^{-1}$)，HAc 溶液(2.0 $mol \cdot L^{-1}$)，HCl 溶液(2.0 $mol \cdot L^{-1}$)，NaOH 溶液(2.0 $mol \cdot L^{-1}$)，H_2O_2 溶液(3%)，$(NH_4)_2MoO_4$ 溶液(3%)，饱和 $Ba(OH)_2$ 溶液，饱和 $ZnSO_4$ 溶液，$KMnO_4$ 溶液(0.02 $mol \cdot L^{-1}$)，淀粉-碘溶液，氯水，KI 溶液(1.0 $mol \cdot L^{-1}$)，Na_2CO_3 溶液(1.0 $mol \cdot L^{-1}$)，阴离子分析试液(每种阴离子 5 $mg \cdot L^{-1}$)

四、实验步骤

(1) 领取未知阴离子混合液，设计方案，分析未知液中所含的阴离子。

(2) 给出鉴定结果，写出鉴定步骤及相关的反应方程式。

五、实验数据记录与处理

1. 初步实验 记录并计算相关数据，填入表 2-20-1 中。

表 2-20-1 初步实验记录

序号	实验步骤	实验现象	可能存在的阴离子	反应方程式
1	溶液酸碱性的检验			
2	用 $BaCl_2$ 进行检验			
3	用 $AgNO_3$ 进行检验			
4	还原性阴离子检验			
5	氧化性阴离子检验			
初步实验结论：未知液中可能存在				

2. 常见阴离子个别鉴定 记录并计算相关数据，填入表 2-20-2 中。

表 2-20-2 个别鉴定记录

序号	实验步骤	实验现象	可能存在的阴离子	反应方程式
1				
2				
3				
4				
…				
结论：未知液中可能存在				

六、注意事项

（1）阴离子不适宜做长的连续分析，并且实际样品中可能共存的阴离子并不多，一般从原始试液中取样做个别分析或小范围共存离子的分析。

（2）做还原性阴离子实验时一定要注意，加的氧化剂 $KMnO_4$ 和淀粉-碘溶液的量一定要少，因为阴离子的浓度很低。如果氧化剂的用量较大，氧化剂的颜色变化是不容易被看到的。

（3）注意观察 $Ag_2S_2O_3$ 在空气中氧化分解的颜色变化。

（4）在观察 BaS_2O_3 沉淀时，如果没有沉淀，应用玻棒摩擦试管壁，加速沉淀的生成。

七、思考题

（1）本实验中，为了提高分析的正确性，应选择蒸馏水代替试液，在同样的条件下进行实验并与未知试液的实验结果进行对比，以防止离子“过度检出”和“失落”。请思考如何对本实验进行此项操作。

（2）本实验中初步实验的意义是什么？与个别鉴定的差别是什么？可否互相替换？

(3) 若初步实验中都没有得到正确结果，能否判断本实验中的全部阴离子都不存在？

(4) 用生成磷钼酸铵的方法鉴定磷酸根离子时，为何要加过量的$(NH_4)_2MoO_4$，且在加入前还要加浓硝酸？

(黄　蓉)

NOTE

实验二十一　s区主要元素的性质

扫码看 PPT

实验预习内容

掌握碱金属、碱土金属单质的物理和化学性质；碱金属、碱土金属氧化物和氢氧化物及一些重要盐的性质。

一、目的要求

(1) 掌握金属钠、镁等单质的性质；镁、钙和钡的难溶盐的生成及性质。

(2) 熟悉镁、钙和钡的难溶盐的溶解性。

(3) 了解焰色反应鉴定碱金属与碱土金属离子。

二、实验原理

s区元素包括碱金属和碱土金属，都是很活泼的主族金属元素。碱金属和碱土金属中的Ca、Cs、Ba以及它们的挥发性化合物的原子或离子受热时，电子容易被激发，当电子从较高能级跃迁到较低能级时，相应的能量以光的形式释放出来，所以，火焰具有特征颜色，称为焰色反应(表2-21-1)。

表 2-21-1　金属焰色反应的颜色

金属	Na	Li	K	Rb	Ca	Sr	Cu	Ba	Co
颜色	黄色	紫红色	浅紫色	紫色	砖红色	洋红色	绿色	黄绿色	淡蓝色

碱金属具有密度小、硬度小、熔点低、导电性强等特点。钠、钾在空气中燃烧分别生成过氧化钠和超氧化钾，与水剧烈作用生成氢氧化物并放出氢气。

$$2Na+O_2 \longrightarrow Na_2O_2; \quad K+O_2 \longrightarrow KO_2;$$

$$2Na+2H_2O \longrightarrow 2NaOH+H_2\uparrow; \quad 2K+2H_2O \longrightarrow 2KOH+H_2\uparrow。$$

碱土金属元素的金属活泼性比同周期的碱金属元素弱，其原子半径比同周期的碱金属原子半径小，所形成的金属键比碱金属强，故碱土金属单质的熔点、沸点和密度都要比碱金属高。Mg的表面能形成一层致密的保护膜，因此几乎不与冷H_2O反应。碱土金属的碳酸盐均难溶于水。

三、仪器与试剂

1. 仪器 镊子，瓷坩埚，表面皿，移液管（1 mL），量筒（50 mL），烧杯（250 mL），试管 13 支。

2. 试剂 金属钾、钠、镁、钙，镍丝，$MgCl_2$溶液（$0.5\ mol \cdot L^{-1}$），$CaCl_2$溶液（$0.5\ mol \cdot L^{-1}$），$BaCl_2$溶液（$0.5\ mol \cdot L^{-1}$），Na_2SO_4溶液（$0.5\ mol \cdot L^{-1}$），HNO_3溶液（$6\ mol \cdot L^{-1}$），Na_2CO_3溶液（$0.5\ mol \cdot L^{-1}$），K_2CrO_4溶液（$0.5\ mol \cdot L^{-1}$），HAc 溶液（$2\ mol \cdot L^{-1}$），$(NH_4)_2C_2O_4$饱和溶液，HCl 溶液（$2\ mol \cdot L^{-1}$），LiCl 溶液（$0.5\ mol \cdot L^{-1}$），NaCl 溶液（$0.5\ mol \cdot L^{-1}$），KCl 溶液（$0.5\ mol \cdot L^{-1}$）等。

四、实验步骤

1. 钠和镁在空气中的燃烧反应

（1）金属钠和氧的反应：用镊子从煤油中取一小块金属钠，用滤纸吸干其表面的煤油，切去其表面的氧化膜，放入干燥的坩埚中加热。当钠刚开始燃烧时，停止加热，观察反应现象和产物的颜色与状态。将产物转移到试管中，加入少量蒸馏水摇匀，检验是否有氧气产生。

（2）金属镁与氧的反应：取一小段镁条，用砂纸除去表面的氧化膜，点燃并观察燃烧现象和产物的颜色与状态。

2. 金属钠、镁与水的反应

（1）金属钠与水的反应：取一小块金属钠，用滤纸吸干表面的煤油，放入盛有 60 mL 水的 250 mL 烧杯中，观察反应情况。反应结束后检验水溶液的酸碱性。

（2）金属镁与水的反应：取一小段镁条，用砂纸除去其表面的氧化膜，放入盛有蒸馏水的试管中，观察现象。用水浴加热，观察反应现象有何变化并检验水溶液的酸碱性。

3. 镁、钙、钡的难溶盐

（1）硫酸盐：在 3 支试管中分别加入 1 mL $0.5\ mol \cdot L^{-1}$的$MgCl_2$、$CaCl_2$和$BaCl_2$溶液，然后分别加入 1 mL $0.5\ mol \cdot L^{-1}$的Na_2SO_4溶液，观察是否有沉淀产生，并比较$MgSO_4$、$CaSO_4$和$BaSO_4$溶解度的大小。将沉淀分离，分别检测其在 $6\ mol \cdot L^{-1}$ HNO_3溶液中的溶解度。

（2）碳酸盐：在 3 支试管中分别加入 1 mL $0.5\ mol \cdot L^{-1}$的$MgCl_2$、$CaCl_2$和$BaCl_2$溶液，然后分别加入 1 mL $0.5\ mol \cdot L^{-1}$的Na_2CO_3溶液，观察是否有沉淀产生。将沉淀分离，分别检测其在 $2\ mol \cdot L^{-1}$ NH_4Cl溶液中的溶解度。

（3）铬酸盐：在 3 支试管中分别加入 1 mL $0.5\ mol \cdot L^{-1}$的$MgCl_2$、$CaCl_2$和$BaCl_2$溶液，然后分别加入 1 mL $0.5\ mol \cdot L^{-1}$的K_2CrO_4溶液，观察是否有沉淀产生，并比较$MgCrO_4$、$CaCrO_4$和$BaCrO_4$溶解度的大小。将沉淀分离，分别检测其在 $2\ mol \cdot L^{-1}$醋酸溶液中的溶解度。

(4) 草酸盐：在 3 支试管中分别加入 1 mL 0.5 $mol \cdot L^{-1}$ 的 $MgCl_2$、$CaCl_2$ 和 $BaCl_2$ 溶液，然后分别加入 1 mL $(NH_4)_2C_2O_4$ 饱和溶液，观察是否有沉淀产生，并比较 MgC_2O_4、CaC_2O_4 和 BaC_2O_4 溶解度的大小。将沉淀分离，分别检测其在 2 $mol \cdot L^{-1}$ HCl 溶液中的溶解度。

4. 焰色反应 取一根镍丝，蘸取浓 HCl 溶液，在氧化焰中灼烧至无色，分别蘸取 0.5 $mol \cdot L^{-1}$ LiCl、NaCl、KCl、$CaCl_2$ 和 $BaCl_2$ 溶液在氧化焰中燃烧，观察并比较火焰颜色有何不同。注意对于钾离子的焰色反应，应通过钴玻璃片观察。

五、实验数据记录与处理

记录并计算相关数据，填入表 2-21-2 中。

表 2-21-2 单质钠与单质镁的性质

实验内容	反应方程式	反应现象
钠和氧的反应		
镁和氧的反应		
钠和水的反应		
镁和冷水的反应		
镁和热水的反应		

记录并计算相关数据，填入表 2-21-3 中。

表 2-21-3 镁、钙、钡的难溶盐的性质

实验内容	反应方程式	反应现象
$MgCl_2$ 与 Na_2SO_4 的反应		
$CaCl_2$ 与 Na_2SO_4 的反应		
$BaCl_2$ 与 Na_2SO_4 的反应		
$MgCl_2$ 与 Na_2CO_3 的反应		
$CaCl_2$ 与 Na_2CO_3 的反应		
$BaCl_2$ 与 Na_2CO_3 的反应		
$MgCl_2$ 与 K_2CrO_4 的反应		
$CaCl_2$ 与 K_2CrO_4 的反应		
$BaCl_2$ 与 K_2CrO_4 的反应		
$MgCl_2$ 与 $(NH_4)_2C_2O_4$ 的反应		
$CaCl_2$ 与 $(NH_4)_2C_2O_4$ 的反应		
$BaCl_2$ 与 $(NH_4)_2C_2O_4$ 的反应		

记录并计算相关数据，填入表 2-21-4 中。

表 2-21-4 沉淀溶解度比较

沉淀	溶解度大小
$MgSO_4$、$CaSO_4$和 $BaSO_4$	
$MgCO_3$、$CaCO_3$和 $BaCO_3$	
$MgCrO_4$、$CaCrO_4$和 $BaCrO_4$	
MgC_2O_4、CaC_2O_4和 BaC_2O_4	

六、注意事项

(1) 从煤油中取出金属钠，在切割前要用滤纸将煤油吸干，切勿与皮肤直接接触。未用完的钠可放回原瓶，切勿乱丢弃。

(2) 观察 K^+ 的焰色反应时，微量的 Na^+ 产生的黄色火焰会遮蔽 K^+ 显示的浅紫色火焰，因此要通过能吸收黄色光的蓝色的钴玻璃片观察 K^+ 的火焰。

七、思考题

(1) 为什么碱金属与碱土金属单质常需要保存在煤油或液体石蜡中？

(2) 如何解释镁、钙、钡的碳酸盐溶解度大小的递变规律？

(3) 焰色反应的原理是什么？

(胡密霞)

NOTE

实验二十二　p区主要元素的性质

扫码看 PPT

实验预习内容

卤素、氧族元素、氮族元素常见含氧酸盐及重要化合物的化学性质，离心机的使用，试剂的取用。

一、目的要求

（1）掌握过氧化氢及不同氧化态硫的化合物的主要性质。

（2）熟悉卤素单质氧化性和卤化氢还原性的递变规律。

（3）了解卤素、氧族元素和氮族元素常见含氧酸盐的基本性质及磷酸盐的性质。

二、实验原理

p区元素是指最后一个电子填充在p能级的元素，它们的价电子组态为 $ns^2np^{1\sim6}$，包括元素周期表中ⅢA族到0族31个元素，p区元素可以失去电子呈正氧化态，也可以获得电子显负氧化态。

卤素是p区很活泼的非金属元素，是周期表中ⅦA族元素，其氧化值通常是－1，但在一定条件下，也可以生成氧化值为＋1、＋3、＋5、＋7的化合物。

Cl_2、Br_2、I_2都可以由氧化剂和卤化物反应而制得。卤素单质都是氧化剂，它们的氧化性按照F_2、Cl_2、Br_2、I_2的顺序递减；卤素离子都是还原剂，它们的还原性按照F^-、Cl^-、Br^-、I^-的顺序递增。卤酸盐在中性溶液中没有明显的氧化性，但在酸性介质中却表现出明显的氧化性。例如$KClO_3$在中性溶液中不能氧化KI，而在强酸介质中，可将I^-氧化为I_2。

$$ClO_3^- + 6I^- + 6H^+ \longrightarrow Cl^- + 3I_2 + 3H_2O$$

Cl^-、Br^-、I^-都能与$AgNO_3$反应，生成难溶于水和稀硝酸的不同颜色的卤化银沉淀，根据不同卤化银在氨水中溶解度不同这一性质，可以通过控制氨的浓度来分离混合卤素离子。在实验中常用氨水，使AgCl沉淀溶解，与AgBr、AgI沉淀分离。

$$AgCl + 2NH_3 \longrightarrow Cl^- + [Ag(NH_3)_2]^+$$

氧族元素是周期表中ⅥA族元素，价电子层构型为ns^2np^4，能形成氧化值为－2、＋4、＋6等的化合物。

硫的主要氧化物 SO_2 的氧化数处于中间价态，溶于水生成亚硫酸，H_2SO_3 及其盐常用作还原剂，但遇强还原剂时，也起氧化剂的作用。如遇 S^{2-} 被还原为 S 而呈氧化性，遇 MnO_4^- 被氧化为 SO_4^{2-} 而呈还原性，还原性强于氧化性。

$$H_2SO_3 + 2H_2S \longrightarrow 3S\downarrow + 3H_2O$$

$$6H^+ + 5SO_3^{2-} + 2MnO_4^- \longrightarrow 5SO_4^{2-} + 2Mn^{2+} + 3H_2O$$

过二硫酸盐在酸中具强氧化性，但需有银催化。

$$5S_2O_8^{2-} + 8H_2O + 2Mn^{2+} \xrightarrow{Ag^+} 10SO_4^{2-} + 2MnO_4^- + 16H^+$$

硫代硫酸盐呈还原性和酸不稳定性，遇酸分解为 S、SO_2，遇氧化剂被氧化成 SO_4^{2-}、$S_4O_6^{2-}$ 等离子，与银离子可生成沉淀，也可生成络合物。

$$S_2O_3^{2-} + 2H^+ \longrightarrow S\downarrow + SO_2\uparrow + H_2O$$

$$2S_2O_3^{2-} + I_2 \longrightarrow S_4O_6^{2-} + 2I^-$$

$$2S_2O_3^{2-} + Cl_2 \longrightarrow S_4O_6^{2-} + 2Cl^-$$

$$S_2O_3^{2-} + 2AgCl \longrightarrow Ag_2S_2O_3\downarrow + 2Cl^-$$

$$2S_2O_3^{2-} + AgCl \longrightarrow [Ag(S_2O_3)_2]^{3-} + Cl^-$$

H_2O_2 为强氧化剂，它能被更强的氧化剂（如 $KMnO_4$）氧化为氧气，可氧化 I^- 等还原性物质，过氧化氢在酸性介质中是强氧化剂，在碱性介质中是中等强度氧化剂。

$$H_2O_2 + 2I^- + 2H^+ \longrightarrow I_2 + 2H_2O$$

$$5H_2O_2 + 2MnO_4^- + 6H^+ \longrightarrow 2Mn^{2+} + 5O_2\uparrow + 8H_2O$$

$$2H_2O_2 + Mn^{2+} + 4OH^- \longrightarrow MnO_2 + O_2\uparrow + 4H_2O$$

氮族元素是周期表中ⅤA族元素，价电子层构型为 ns^2np^3，能形成氧化值为 −3、−2、+3、+5 等的化合物。

硝酸是具有挥发性的强酸，浓硝酸可以与除了金、铂等一些稀有金属外的所有金属反应，生成相应的化合物及 NO_2 气体，当硝酸浓度较低时，产物主要是 NH_4^+。

$$4HNO_3 + Cu \longrightarrow Cu(NO_3)_2 + 2NO_2\uparrow + 2H_2O$$

$$10HNO_3(\text{稀}) + 4Zn \longrightarrow 4Zn(NO_3)_2 + NH_4NO_3 + 3H_2O$$

亚硝酸及其盐具有氧化性，可将 I^- 离子氧化为 I_2；但遇强氧化剂时，亦呈还原性，自身被氧化为 NO_3^-。

$$2NO_2^- + 2I^- + 4H^+ \longrightarrow I_2 + 2NO\uparrow + 2H_2O$$

$$5NO_2^- + 2MnO_4^- + 6H^+ \longrightarrow 2Mn^{2+} + 5NO_3^- + 3H_2O$$

磷酸是一个中等强度的三元酸，可形成酸式盐和正盐，故其水溶液的酸碱性有所不同，其钙盐在水中的溶解度也不相同。

三、仪器与试剂

1. 仪器 离心机，离心管（2 mL）3 支，试管（10 mL）43 支，试管夹，试管架，酒精灯，滴管。

2. 试剂 氯仿，KCl(s)，KBr(s)，KI(s)，铜屑，锌粉，$K_2S_2O_8$(s)，KI-淀粉试纸，蓝色石蕊试纸，醋酸铅试纸，溴水，氯水，碘水，$FeCl_3$溶液(0.2 mol·L^{-1})，$Na_2S_2O_3$溶液(0.1 mol·L^{-1})，KIO_3溶液(0.1 mol·L^{-1})，KBr溶液(0.1 mol·L^{-1})，KCl溶液(0.1 mol·L^{-1})，KI溶液(0.1 mol·L^{-1})，$AgNO_3$溶液(0.1 mol·L^{-1})，$MnSO_4$溶液(0.1 mol·L^{-1})，$CaCl_2$溶液(0.1 mol·L^{-1})，SO_2饱和溶液，H_2S饱和溶液，$KClO_3$溶液(0.1 mol·L^{-1})，$KBrO_3$溶液(0.1 mol·L^{-1})，$NH_3·H_2O$溶液(2.0 mol·L^{-1})，NaOH溶液(2.0 mol·L^{-1})，H_2SO_4溶液(2.0 mol·L^{-1})，HNO_3溶液(浓，2.0 mol·L^{-1}，0.2 mol·L^{-1})，HCl溶液(2.0 mol·L^{-1})，Na_3PO_4溶液(0.1 mol·L^{-1})，Na_2HPO_4溶液(0.1 mol·L^{-1})，NaH_2PO_4溶液(0.1 mol·L^{-1})，H_2O_2溶液(3%)，$NaNO_2$溶液(0.1 mol·L^{-1})，$KMnO_4$溶液(0.01 mol·L^{-1})，$BaCl_2$溶液(0.1 mol·L^{-1})。

四、实验步骤

1. 卤素单质的氧化性

(1) 取5滴KBr溶液于试管中，逐滴滴加氯水，振荡，观察现象。再加入10滴氯仿，观察现象并解释。

(2) 取5滴KI溶液于试管中，逐滴滴加溴水，振荡，观察现象。再加入10滴氯仿，观察现象并解释。

(3) 取5滴KI溶液于试管中，逐滴滴加氯水，振荡，观察现象。再加入10滴氯仿，观察现象，然后继续滴加氯水至氯仿层颜色消失，解释现象。

根据实验结果，写出相关方程式，比较卤素单质的氧化性强弱顺序。

2. 卤素离子的还原性

(1) 分别取少量KCl、KBr、KI固体于三支干燥试管中，各加10滴H_2SO_4溶液，仔细观察产物的颜色和状态，分别用蓝色石蕊试纸、KI-淀粉试纸、醋酸铅试纸在试管口证实气体产物，写出相关方程式。

(2) 分别取5滴$FeCl_3$溶液于两支试管中，再分别加5滴KBr和KI溶液，再各加10滴氯仿，观察现象并解释。

根据以上实验结果，写出相关方程式，比较卤素离子的还原性强弱顺序。

3. 卤酸盐的氧化性

(1) 取2 mL蒸馏水溶解少量$KClO_3$固体于试管中，加入10滴KI溶液分装于两支试管中，一支做空白对照，另一支加入5滴H_2SO_4溶液酸化，等待片刻，观察现象。

(2) 取5滴饱和$KBrO_3$溶液于两支试管中，各加入5滴H_2SO_4溶液酸化后，分别加入5滴KBr溶液，5滴KI溶液，振荡试管，观察现象并检验产物，写出反应方程式。

(3) 取5滴KIO_3溶液于试管中，滴入5滴KI溶液及5滴H_2SO_4溶液酸化，混匀后观察现象。

根据上述实验结果，写出相关方程式，试对卤酸盐的氧化性得出结论。

4. 卤化物的溶解性 取 KCl、KBr、KI 溶液各 5 滴分别于三支试管中，各加入 5 滴 $AgNO_3$溶液，离心分离，将每种沉淀分为 3 份，分别滴加 HNO_3、氨水、$Na_2S_2O_3$溶液，充分振荡后观察溶解情况，写出有关方程式并比较卤化银沉淀溶解度的相对大小。

5. 硫的含氧酸及其盐的性质

（1）亚硫酸的性质。

①还原性：取 5 滴 $KMnO_4$溶液于试管中，用 5 滴 H_2SO_4溶液酸化后加入 5 滴 SO_2饱和溶液，观察现象，写出反应方程式。

②氧化性：取 5 滴饱和 H_2S 溶液于试管中，加入 5 滴饱和 SO_2溶液，观察现象，写出反应方程式。

（2）过二硫酸盐的氧化性。

分别取 2 滴 $MnSO_4$溶液、2 mL H_2SO_4溶液及少量 $K_2S_2O_8$固体于两支试管中，一支试管中加 2 滴 $AgNO_3$溶液，另一支试管中不加，分别水浴加热，观察现象。试比较两个反应的不同之处，写出有关反应的方程式。

（3）硫代硫酸盐的性质。

①还原性：分别取 5 滴 $Na_2S_2O_3$溶液于两支试管中，再分别加入 2 滴氯水，2 滴碘水，充分振荡，用 $BaCl_2$溶液检验溶液中有无 SO_4^{2-} 生成。试比较两个反应的不同之处，写出有关反应的方程式。

②不稳定性：取 5 滴 $Na_2S_2O_3$溶液于试管中，加入 5 滴 HCl 溶液，观察现象，写出反应的方程式。

6. 过氧化氢的性质

（1）氧化性：取 10 滴 H_2O_2溶液于试管中，用 2 滴 H_2SO_4溶液酸化后，加 2 滴 KI 溶液，观察现象，写出反应方程式。

（2）还原性：取 10 滴 H_2O_2溶液于试管中，用 2 滴 H_2SO_4溶液酸化后，加 2 滴 $KMnO_4$溶液，观察现象。用余烬火柴检验反应生成的气体，写出反应方程式。

（3）介质酸碱性对 H_2O_2氧化还原性的影响：取 10 滴 H_2O_2溶液于试管中，加入 2 滴 NaOH 溶液，再加入 3 滴 $MnSO_4$溶液，观察现象，写出反应方程式。溶液经静置后倾去上清液，向沉淀中加入 2 滴 H_2SO_4溶液，后滴加 H_2O_2溶液，观察现象，写出反应方程式并解释。

7. 氮的含氧酸及其盐的性质

（1）硝酸的氧化性。

①取少量铜屑于两支试管中，分别加入浓 HNO_3 溶液、2.0 $mol \cdot L^{-1}$稀硝酸溶液 1 mL，观察两者现象有何不同；然后迅速加水稀释，倒掉溶液，回收铜屑，写出反应方程式。

②取少量锌粉于试管中，加入 0.2 $mol \cdot L^{-1}$稀硝酸溶液 1 mL，微热，观察现象，并验证产物中 NH_3或 NH_4^+ 的存在，写出反应方程式。

试总结稀硝酸与浓硝酸的氧化规律。

（2）亚硝酸盐的性质。

①亚硝酸盐的氧化性。

取 2 滴 KI 溶液于试管中，加入 5 滴 $NaNO_2$溶液，观察现象，微热试管，再加入 5 滴H_2SO_4溶液，观察现象，写出反应方程式。

②亚硝酸盐的还原性。

取 2 滴 $KMnO_4$溶液于试管中，加入 5 滴 $NaNO_2$溶液，观察现象，再加入 5 滴 H_2SO_4溶液，观察现象，写出反应方程式。

8. 磷酸盐的性质

（1）磷酸盐的酸碱性：分别取 Na_3PO_4、Na_2HPO_4和 NaH_2PO_4溶液 1 mL 于三支试管中，并检验其 pH 值。然后在三支试管中各加入三倍体积的 $AgNO_3$溶液，观察黄色磷酸银沉淀的生成。再分别用 pH 试纸检测上清液的酸碱性，对比前后变化，用反应方程式解释。

（2）磷酸钙盐的生成与性质：分别取 Na_3PO_4、Na_2HPO_4和 NaH_2PO_4溶液 1 mL 于三支试管中，分别在三支试管中加入 $CaCl_2$溶液，观察有无沉淀产生；继续加 $NH_3 \cdot H_2O$溶液，观察现象；继续加 HCl 溶液，观察变化，写出反应方程式。

在 PO_4^{3-}、HPO_4^{2-}、$H_2PO_4^-$三种盐中，溶解度最大的是哪种盐？试说明它们之间相互转化的条件。

五、实验数据记录与处理

记录并计算相关数据，填入表 2-22-1 中。

表 2-22-1　p 区元素性质

序号	实验步骤	实验现象	反应方程式
1			
2			
3			
4			
…			
结论			

六、注意事项

（1）氯气有毒和刺激性，人体少量吸入会刺激鼻咽部，引起咳嗽和喘息，人体大量吸入会导致严重损害，甚至死亡。因此，在进行有关氯气的实验时，必须在通风橱中进行。

（2）溴蒸气对气管、肺部、眼鼻喉都有强烈的刺激作用，在进行有关溴的实验时，应在通风橱内进行。溴水具有腐蚀性，在使用时用滴管移取，以防溴水接触皮

NOTE

肤。如果不慎将溴水溅在手上，应及时用水冲洗，再用稀硫代硫酸钠溶液充分浸透的绷带包扎处理。

（3）氯酸钾是强氧化剂，保存不当会引起爆炸。氯酸钾易分解，不宜大力研磨、烘干或烤干，进行相关实验时，应将剩下的试剂倒入回收瓶内统一处理，不准倒入废液缸。

（4）硝酸和硝酸盐的氧化反应必须在通风橱里进行，放出的二氧化氮气体有毒，铜屑要回收到指定的玻璃容器中，不能乱丢。

（5）亚硝酸及其盐有毒，注意勿进入口内。

（6）证明不同介质中 H_2O_2 的性质时，应先加介质，后加 H_2O_2 溶液。

（7）实验过程中使用试剂较多，要规范操作，防止试剂交叉污染。

（8）KI 溶液在空气中长时间放置容易被氧化，因此需要现配现用。

七、思考题

（1）进行卤素离子还原性实验时应注意哪些安全问题？

（2）为什么用 $AgNO_3$ 检出卤素离子时，要先用 HNO_3 酸化溶液，再用 $AgNO_3$ 检出？向一未知溶液中加入 $AgNO_3$ 时，如果不产生沉淀，能否认为溶液中不存在卤素离子？

（3）在水溶液中，$AgNO_3$ 与 $Na_2S_2O_3$ 反应，有的实验中出现黑色沉淀，有的却无沉淀产生，为何出现这种情况？

（4）为什么 $K_2S_2O_8$ 与 Mn^{2+} 的反应要在酸性介质中进行？$Na_2S_2O_3$ 与 I_2 的反应能否在酸性介质中进行？为什么？

（5）为什么在氧化还原反应中一般不用 HNO_3 作为酸反应介质？硝酸与金属反应和稀硫酸或稀盐酸与金属反应有何不同？

（6）本实验中，溶液的酸性、碱性影响氧化还原反应方向的实例有哪些？

（7）试以 Na_2HPO_4 和 NaH_2PO_4 为例，说明酸性溶液是否都呈酸性？

（黄　蓉）

实验二十三　d区主要元素的性质

扫码看 PPT

实验预习内容

d区元素及其化合物知识。

一、目的要求

（1）掌握铬、锰、铁、铜、锌和汞的各种重要价态化合物的生成及其性质。

（2）熟悉常见d区离子的检验方法。

（3）了解铬、锰、铁化合物的氧化还原性及介质对氧化还原反应的影响。

二、实验原理

d区元素的价电子层构型是$(n-1)d^{1\sim9}\ ns^{1\sim2}$，由于$(n-1)$d电子参与成键，d区元素绝大多数具有多种氧化态。一般高氧化态的常作为氧化剂，低氧化态的常作为还原剂。在不同的酸碱性介质中其氧化还原产物不同。一些d区元素的氢氧化物具有两性，既能与酸反应又能与碱反应。d区元素形成配合物的能力很强，其离子的配合物一般都是有色的。

铬、锰、铁是周期系第四周期第ⅥB～Ⅷ族元素，它们都能形成多种氧化态的化合物。铬的重要氧化态为+3价和+6价；锰的重要氧化态为+2价、+4价、+6价和+7价；铁的重要氧化态为+2价和+3价。

铬价层电子构型为$3d^5 4s^1$，能生成多种氧化态的化合物，最常见的是+3价和+6价氧化态的化合物。

$$CrCl_3 + 3NaOH \longrightarrow Cr(OH)_3\downarrow + 3NaCl$$

氢氧化铬是灰蓝色的胶状沉淀，在溶液中有如下平衡：

$$\underset{(紫色)}{Cr^{3+}} + 3OH^- \rightleftharpoons \underset{(灰蓝色)}{Cr(OH)_3} \rightleftharpoons H_2O + HCrO_2 \rightleftharpoons H^+ + \underset{(绿色)}{CrO_2^-} + H_2O$$

加酸时，平衡向生成Cr^{3+}的方向移动；加碱时平衡向生成CrO_2^-的方向移动。氢氧化铬具有两性。

Cr^{3+}溶液中逐滴加入碱，先生成沉淀，后沉淀溶解，生成$[Cr(OH)_4]^-$的深绿色

溶液，$[Cr(OH)_4]^-$可被H_2O_2氧化为Cr^{6+}。在酸性条件下，$Cr_2O_7^{2-}$与H_2O_2反应生成深蓝色$CrO(O_2)_2$，加入乙醚，由此鉴定Cr^{3+}。

$$Cr_2O_7^{2-}+4H_2O_2+2H^+ \longrightarrow 2CrO(O_2)_2+5H_2O$$

$$CrO(O_2)_2+(C_2H_5)_2O \longrightarrow [CrO(O_2)_2 \cdot (C_2H_5)_2O]$$

铬酸盐与重铬酸盐在水溶液中存在下列平衡：

$$2CrO_4^{2-}+2H^+ \rightleftharpoons Cr_2O_7^{2-}+H_2O$$

CrO_4^{2-}与$Cr_2O_7^{2-}$浓度的比值取决于溶液中的pH值。重铬酸盐在酸性溶液中是强氧化剂，$Cr_2O_7^{2-}$被还原为Cr^{3+}。例如，在冷溶液中$K_2Cr_2O_7$可以氧化H_2SO_3和HI，还原产物都是Cr^{3+}的盐。

锰价层电子构型为$3d^54s^2$，Mn^{2+}在酸性介质中比较稳定，在碱性溶液中，Mn^{2+}易被氧化。例如，向Mn^{2+}的盐溶液中加入强碱，可得到白色的$Mn(OH)_2$沉淀，它在碱性介质中很不稳定，容易被空气中的O_2氧化，生成棕色的$MnO(OH)_2$或$MnO_2 \cdot H_2O$。

$$MnSO_4+2NaOH \longrightarrow Mn(OH)_2+Na_2SO_4$$

$$2Mn(OH)_2+O_2 \longrightarrow 2MnO(OH)_2$$

MnO_4^-和Mn^{2+}可发生氧化还原反应，析出MnO_2。

$$2MnO_4^-+3Mn^{2+}+2H_2O \longrightarrow 5MnO_2\downarrow+4H^+$$

MnO_2在酸性介质中是一种强氧化剂，其本身被转化成Mn^{2+}。例如，它与浓盐酸反应可得到氯气。

$$MnO_2+4HCl \longrightarrow MnCl_2+Cl_2\uparrow+2H_2O$$

MnO_4^-具有强氧化性，MnO_4^-在酸性、中性、强碱性溶液中的还原产物分别为Mn^{2+}、MnO_2沉淀和MnO_4^{2-}。在强碱性溶液中，MnO_4^-与MnO_2反应也能生成MnO_4^{2-}。在酸性甚至近中性溶液中，MnO_4^{2-}歧化为MnO_4^-和MnO_2。在酸性溶液中，MnO_2也是强氧化剂。

铁价层电子构型为$3d^64s^2$，Fe^{2+}溶液中加入碱，可得到铁的$Fe(OH)_2$沉淀。$Fe(OH)_2$易被空气中的氧所氧化，往往得不到白色的$Fe(OH)_2$，而是变成灰绿色，最后成为棕红色。

$$FeSO_4+2NaOH \longrightarrow Fe(OH)_2+Na_2SO_4$$

$$4Fe(OH)_2+O_2+2H_2O \longrightarrow 4Fe(OH)_3\downarrow$$

Fe^{2+}与$[Fe(CN)_6]^{3-}$反应，或Fe^{3+}与$[Fe(CN)_6]^{4-}$反应，都生成蓝色沉淀，分别用于鉴定Fe^{2+}和Fe^{3+}。在酸性溶液中，Fe^{3+}与SCN^-生成血红色配合物。

铜、锌和汞是第ⅠB～ⅡB族元素。铜价层电子构型为$3d^{10}4s^1$，铜的重要氧化态为+1价和+2价的化合物。

在硫酸铜溶液中加入强碱，生成淡蓝色的氢氧化铜沉淀。$Cu(OH)_2$的热稳定性差，受热分解为CuO和H_2O，$Cu(OH)_2$微显两性。

向硫酸铜溶液中加入少量氨水，得到浅蓝色的碱式硫酸铜沉淀：

$$2CuSO_4 + 2NH_3 \cdot H_2O \longrightarrow (NH_4)_2SO_4 + Cu(OH)_2SO_4 \downarrow$$

继续加入氨水，碱式硫酸铜沉淀溶解，得到深蓝色的四氨合铜配离子：

$$Cu_2(OH)_2SO_4 + 8NH_3 \longrightarrow 2[Cu(NH_3)_4]^{2+} + SO_4^{2-} + 2OH^-$$

Cu(Ⅱ)的化合物具有一定的氧化性。例如，在硫酸铜溶液中逐滴加入KI溶液，可以看到生成白色的碘化亚铜沉淀和棕色的碘：

$$2Cu^{2+} + 4I^- \longrightarrow 2CuI \downarrow + I_2$$

锌和汞价电子层构型为$(n-1)d^{10}ns^2$。锌在常见化合物中氧化态主要表现为+2价，汞有+1价和+2价两种氧化态的化合物。

在锌盐溶液中加入适量强碱，可以得到锌的氢氧化物：

$$ZnSO_4 + 2NaOH \longrightarrow Zn(OH)_2 \downarrow + Na_2SO_4$$

汞盐溶液与碱反应，析出的不是$Hg(OH)_2$，而是黄色的HgO。

$$Hg^{2+} + 2OH^- \longrightarrow HgO \downarrow + H_2O$$

氢氧化锌是两性氢氧化物，溶于强酸成锌盐，溶于强碱而成为四羟基合物。

$$Zn(OH)_2 + 2OH^- \longrightarrow Zn(OH)_4^{2-}$$

Hg^{2+}与过量的KI反应，首先产生红色碘化汞沉淀，然后沉淀溶于过量的KI中，生成无色的碘配离子：

$$Hg^{2+} + 2I^- \longrightarrow HgI_2 \downarrow$$

$$HgI_2 + 2I^- \longrightarrow [HgI_4]^{2-}$$

三、仪器与试剂

1. 仪器　试管(10 mL×30支)，酒精灯，烧杯(250 mL)。

2. 试剂　$MnSO_4$溶液(0.1 mol·L^{-1})，KI溶液(0.1 mol·L^{-1})，$KMnO_4$溶液(0.01 mol·L^{-1})，$FeCl_3$溶液(0.1 mol·L^{-1})，H_2O_2溶液(3%)，KSCN溶液(1 mol·L^{-1})，乙醚，$FeSO_4$溶液(1 mol·L^{-1})，KI-淀粉试纸，$K_3[Fe(CN)_6]$溶液(1 mol·L^{-1})，浓HCl溶液，NaOH溶液(1 mol·L^{-1})，$CuSO_4$溶液(0.1 mol·L^{-1})，HNO_3溶液(6 mol·L^{-1})，$CrCl_3$溶液(0.1 mol·L^{-1})，NaOH溶液(6 mol·L^{-1})，$ZnSO_4$溶液(0.1 mol·L^{-1})，H_2SO_4溶液(2 mol·L^{-1})，$K_2Cr_2O_7$溶液(0.1 mol·L^{-1})，氨水(2 mol·L^{-1})，$Hg(NO_3)_2$溶液(0.1 mol·L^{-1})，NaOH溶液(2 mol·L^{-1})，$Hg_2(NO_3)_2$溶液(0.1 mol·L^{-1})，MnO_2(固体)，Na_2SO_3溶液(0.1 mol·L^{-1})，KI(固体)。

四、实验步骤

1. 铬的化合物

(1) 氢氧化铬的性质：在盛有10滴0.1 mol·L^{-1} $CrCl_3$的试管中，逐滴加入2 mol·L^{-1} NaOH溶液，直至产生氢氧化铬沉淀。观察沉淀的颜色。用实验证明$Cr(OH)_3$呈两性，并写出反应方程式。

（2）Cr^{3+}的氧化和鉴定：取1～2滴0.1 mol·L^{-1} $CrCl_3$溶液，逐滴加入2 mol·L^{-1} NaOH溶液，至生成的沉淀又复溶解，再加入3滴H_2O_2溶液，加热，观察溶液颜色的变化，解释现象并写出反应方程式。待试管冷却后，加入10滴乙醚，然后沿试管壁慢慢加入6 mol·L^{-1} HNO_3溶液酸化，乙醚层出现蓝色表明Cr^{3+}存在。

（3）CrO_4^{2-}与$Cr_2O_7^{2-}$间的相互转化：取5滴0.1 mol·L^{-1} $K_2Cr_2O_7$溶液，逐滴加入2 mol·L^{-1} NaOH溶液，观察溶液的颜色变化。再滴加2 mol·L^{-1} H_2SO_4溶液至溶液呈酸性，观察溶液的颜色变化。解释现象，并写出反应方程式。

（4）六价铬的氧化性：①在5滴0.1 mol·L^{-1} $K_2Cr_2O_7$溶液中，加3滴2 mol·L^{-1} H_2SO_4溶液，再逐滴加入0.1 mol·L^{-1} Na_2SO_3溶液，观察溶液的颜色变化。写出反应方程式。②在5滴0.1 mol·L^{-1} $K_2Cr_2O_7$溶液中，加15滴浓HCl溶液，加热，用湿的KI-淀粉试纸检查逸出的气体。观察试纸和溶液颜色的变化。解释现象，并写出反应方程式。

2. 锰的化合物

（1）Mn^{2+}氢氧化物的制备和性质：取5滴0.1 mol·L^{-1} $MnSO_4$溶液，逐滴加入2 mol·L^{-1}NaOH溶液至沉淀完全。同时在空气中振荡，注意观察沉淀颜色的变化，解释实验现象。

（2）Mn^{4+}化合物的生成：取10滴0.01 mol·L^{-1} $KMnO_4$溶液，逐滴加入0.1 mol·L^{-1} $MnSO_4$溶液，观察MnO_2的生成。

（3）MnO_2的氧化性：取少量MnO_2固体粉末于试管中，加入10滴浓HCl溶液，微热，用润湿的KI-淀粉试纸检查有无氯气逸出。

（4）MnO_4^-的还原产物与介质的关系：取三支试管，在试管中分别加5滴0.01 mol·L^{-1} $KMnO_4$溶液，再分别加2滴2 mol·L^{-1} H_2SO_4溶液、水和2 mol·L^{-1} NaOH溶液，然后各加数滴0.1 mol·L^{-1} Na_2SO_3溶液，观察各试管中所发生的现象。写出反应方程式，并说明$KMnO_4$溶液的还原产物与介质的关系。

3. 铁的化合物

（1）Fe^{2+}与碱的作用及Fe^{2+}的还原性：在试管中加入新配制的1 mol·L^{-1} $FeSO_4$溶液1 mL，然后加5滴1 mol·L^{-1}NaOH溶液观察近乎白色的氢氧化亚铁的生成，写出反应方程式。将这些沉淀放置于空气中，观察并解释沉淀颜色的变化。

（2）Fe^{2+}和Fe^{3+}的特性反应：①Fe^{2+}的特性反应：在试管中盛1 mL新制的硫酸亚铁溶液，加入铁氰化钾溶液1～2滴，产生深蓝色沉淀表明有Fe^{2+}存在。②Fe^{3+}的特性反应：在试管中盛1 mL三氯化铁溶液，加入硫氰酸钾溶液1～2滴，形成血红色溶液，表明有Fe^{3+}存在。

4. 铜的化合物

（1）$Cu(OH)_2$的生成和性质：在试管中加入10滴0.1 mol·L^{-1} $CuSO_4$溶液和1滴2 mol·L^{-1}NaOH溶液，观察沉淀的颜色和状态。将沉淀分成两份，分别加入2 mol·L^{-1} H_2SO_4溶液和过量6 mol·L^{-1} NaOH溶液，观察沉淀是否溶解，写出反应

方程式。

(2) $[Cu(NH_3)_4]^{2+}$的生成：在试管中加入10滴0.1 mol·L^{-1} $CuSO_4$溶液，然后逐滴加入2 mol·L^{-1}氨水，边加边振摇，观察沉淀的颜色和状态。

(3)Cu^{2+}与KI反应：在试管中加入5滴0.1 mol·L^{-1} $CuSO_4$溶液和10滴0.1 mol·L^{-1} KI溶液，观察并解释现象，写出反应方程式。

5. 锌的化合物

(1) $Zn(OH)_2$的生成和两性性质：在试管中加入10滴0.1 mol·L^{-1} $ZnSO_4$溶液和1滴2 mol·L^{-1} NaOH溶液，观察沉淀的颜色和状态。将沉淀分成两份，分别加入2 mol·L^{-1} H_2SO_4溶液和过量6 mol·L^{-1} NaOH溶液，观察沉淀是否溶解，写出反应方程式。

(2) $[Zn(NH_3)_4]^{2+}$的生成：在试管中加入5滴0.1 mol·L^{-1} $ZnSO_4$溶液，然后逐滴加入2 mol·L^{-1}氨水，边加边振摇，观察沉淀是否溶解，写出反应方程式。

6. 汞的化合物

(1) $Hg(OH)_2$的生成及其不稳定性：在2支试管中分别加入5滴0.1 mol·L^{-1} $Hg(NO_3)_2$溶液和0.1 mol·L^{-1} $Hg_2(NO_3)_2$溶液，然后再各加入5滴2 mol·L^{-1} NaOH溶液，观察沉淀颜色有何不同，写出有关反应方程式。

(2) Hg^{2+}和Hg_2^{2+}与氨水反应：在2支试管中分别加入5滴0.1 mol·L^{-1} $Hg(NO_3)_2$和0.1 mol·L^{-1} $Hg_2(NO_3)_2$溶液，然后再各加入5滴2 mol·L^{-1}氨水，边加边振摇，观察实验现象，写出反应方程式。

(3) Hg^{2+}和Hg_2^{2+}与KI反应：在2支试管中分别加入5滴0.1 mol·L^{-1} $Hg(NO_3)_2$和0.1 mol·L^{-1} $Hg_2(NO_3)_2$溶液，然后在试管中各加入1～2滴0.1 mol·L^{-1} KI溶液，有何现象发生？再在2支试管中各加入少量KI固体，又有何现象发生？为什么？

五、注意事项

(1) 本实验涉及的化合物的种类和颜色较多，须仔细观察。

(2) 实验中汞的毒性较大，须做好回收工作。

六、思考题

(1) 有哪些方法可以区分下列离子？

①Hg^{2+}与Hg_2^{2+}；②Fe^{2+}与Fe^{3+}；③Zn^{2+}与Cu^{2+}。

(2) 用什么方法可以使下列离子相互转变？

$$Cr^{3+} \longrightarrow CrO_4^{2-} \longrightarrow Cr_2O_7^{2-}$$

(3) $KMnO_4$的还原产物与溶液的酸碱性有什么关系？

(姚惠琴)

实验二十四　丙酸钙的制备

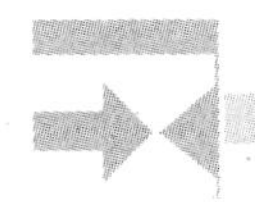

实验预习内容

鸡蛋壳制备丙酸钙的原理和方法，重结晶操作。

扫码看 PPT

一、目的要求

(1) 掌握常压过滤、减压过滤和重结晶的实验方法。

(2) 熟悉鸡蛋壳制备丙酸钙的原理和方法。

(3) 了解变废为宝的有关运用方法。

二、实验原理

丙酸钙是我国近年来发展起来的一种食品防腐剂，它不仅可以延长食品的保质期，而且可以在体内水解成丙酸和钙离子，其中丙酸是牛奶和牛羊肉中常见的脂肪成分，钙离子具有补钙的作用，它们都可以作为营养物质被人体吸收。

丙酸钙分子式为$(CH_3CH_2COO)_2Ca$，是白色结晶颗粒或白色粉末，其无臭、无味或微带丙酸气味，无毒，熔点 400 ℃以上，对光和热稳定，为单斜板状结晶。丙酸钙具有吸湿性，易溶于水，微溶于甲醇、乙醇，不溶于丙酮及苯溶液。

制备丙酸钙有许多方法，本实验利用鸡蛋壳与丙酸直接反应来制备丙酸钙，反应方程式为

$$2CH_3CH_2COOH + CaCO_3 \longrightarrow (CH_3CH_2COO)_2Ca + CO_2 + H_2O$$

基本工艺路线：

粉碎→壳膜分离→中和反应(加入丙酸)→过滤→加热浓缩→减压过滤→干燥→产品。

三、仪器与试剂

1. 仪器　研钵，电子天平，量筒(100 mL，10 mL)，磁力搅拌器，蒸发皿(80 mm)，表面皿(80 mm)，烧杯(200 mL，100 mL，50 mL)，布氏漏斗(60 mm)，抽滤瓶(500 mL)，离心机，恒温干燥箱，粉碎机，筛子(60 目)，容量瓶(250 mL，100 mL)，移液管(25 mL)，锥形瓶(150 mL)，碱式滴定管等。

2. 试剂　鸡蛋壳，浓盐酸，1∶1 盐酸溶液，丙酸溶液，蒸馏水，0.02 $mol \cdot L^{-1}$ EDTA 溶液，10% NaOH 溶液，钙指示剂等。

四、实验内容

（一）丙酸钙的制备

1. 预处理 将收集的粗鸡蛋壳用自来水清洗干净，除去表面的灰尘、蛋清等杂质，晾干；然后放入恒温干燥箱内烘干，取出冷却后放在研钵中研碎，备用。

2. 壳膜分离 称取 25 g 蛋壳，放在烧杯中，加入 10 mL 浓盐酸、80 mL 蒸馏水作为壳膜分离剂，室温下搅拌 1 h，使壳膜完全分离，静置，除去蛋壳膜，将蛋壳烘干。

3. 粉碎过筛 用粉碎机将蛋壳进行粉碎，然后用 60 目筛子过筛，得到蛋壳粉末，保存待用。

4. 丙酸钙的合成 准确称取 5.0 g 蛋壳粉，以固液比为 1∶10 加入蒸馏水，保持反应温度为 60 ℃，在不断搅拌下加入 12 mL 的丙酸溶液，继续搅拌反应 2.5 h。反应结束后，将溶液冷却至室温，反应液进行减压过滤操作，除去不溶物（不溶物即滤纸上的滤渣，将滤渣进行干燥，称量 m_1），然后将滤液转移至蒸发皿中进行加热蒸发浓缩（注意要加入几粒玻璃珠防止暴沸）。待滤液蒸发至稀粥状时（不要蒸干），稍微冷却后进行减压抽滤操作，抽滤时用少量的蒸馏水冲洗，抽滤结束后将滤纸和固体一起放在表面皿中，放入 80 ℃恒温干燥箱中进行干燥，即得白色粉末状产品，称量 $m_{产品}$。

（二）产品纯度分析

1. EDTA 浓度的标定 准确称取 0.5 g $CaCO_3$ 于 100 mL 烧杯中，逐滴加入1∶1 的盐酸溶液直到 $CaCO_3$ 刚好溶解为止，再用去离子水稀释，然后将溶液转移至 250 mL 容量瓶中，加去离子水定容至刻度线。用移液管准确移取 25 mL 该溶液至锥形瓶中，依次加入 5 mL 10% NaOH 溶液，10 mg 钙指示剂，然后用 0.02 $mol \cdot L^{-1}$ EDTA 溶液滴定至纯蓝色，平行滴定三次，分别记录所用去的 EDTA 溶液的体积 V_1、V_2 和 V_3，计算出 EDTA 的准确浓度。

2. 产品纯度分析 准确称取 0.5 g 产品于小烧杯中，加入一定量的去离子水溶解，然后转移至 100 mL 容量瓶，定容至刻度线。用移液管准确移取 25 mL 该溶液至锥形瓶中，依次加入 5 mL 10% NaOH 溶液、25 mL 去离子水、10 mg 钙指示剂，然后用已标定好的 EDTA 溶液滴定至纯蓝色，平行滴定三次，分别记录三次滴定所用去 EDTA 溶液的体积 V_1、V_2 和 V_3。

五、实验记录与处理

记录并计算相关数据，填入表 2-24-1 中。

表 2-24-1 EDTA 浓度的标定

项　目	1	2	3	平均值
称量的 $CaCO_3$ 质量/g				
用去的 EDTA 的体积/mL	$V_1=$	$V_2=$	$V_3=$	$\overline{V}_{EDTA}=$
EDTA 的浓度/($mol \cdot L^{-1}$)	$c_1=$	$c_2=$	$c_3=$	$\overline{c}_{EDTA}=$

因 $CaCO_3$ 与 EDTA 反应时的化学计量比为 1∶1，故计算方程式如下。

$$\bar{c}_{EDTA}=\frac{m_{CaCO_3}\times 1000}{M_{CaCO_3}\bar{V}_{EDTA}}$$

记录并计算相关数据，填入表 2-24-2 中。

表 2-24-2 丙酸钙产率的计算数据

蛋壳粉的精确质量 m_0/g	滤渣质量 m_1/g	得到产品质量 $m_{产品}$/g
$m_0=5.0$ g		

理论得到的产品质量：

$$m_{理论}=\frac{m_0-m_1}{M_{CaCO_3}}\times M_{(CH_3CH_2COO)_2Ca}$$

$$产率(\%)=\frac{m_{产品}}{m_{理论}}\times 100\%$$

记录并计算相关数据，填入表 2-24-3 中。

表 2-24-3 丙酸钙纯度计算数据

实际测定的产品质量		$m_{产品}=$		
V_{EDTA}/mL	$V_1=$	$V_2=$	$V_3=$	$\bar{V}_{EDTA}=$

$$产品中所含丙酸钙的实际质量\ m_{实际}=\bar{c}_{EDTA}\bar{V}_{EDTA}M_{(CH_3CH_2COO)_2Ca}$$

$$纯度(\%)=\frac{m_{实际}}{m_{产品}}\times 100\%$$

六、注意事项

(1) 使用研钵研磨时不能捣碎鸡蛋壳，只能碾压鸡蛋壳。

(2) 加丙酸时应少量多次，边加边迅速搅拌，使反应充分进行。

(3) 抽滤过程中切忌用大量的去离子水冲洗，否则会导致产品溶解到水中而进入滤液。

(4) 使用减压过滤装置时应注意，在停止过滤时，应先从吸滤瓶上拔掉橡胶管，然后再关闭自来水龙头或水泵，防止水倒吸入吸滤瓶内。

(5) 重结晶时，出现晶膜时应用玻棒快速搅拌，并且降低加热的温度。

七、思考题

(1) 加热浓缩时如何防止暴沸？

(2) 通过改变哪些实验条件可提高实验产率？

(周　芳)

NOTE

实验二十五　葡萄糖酸锌的制备及锌含量的测定

扫码看 PPT

实验预习内容

葡萄糖酸锌的性质，滴定基本操作，重结晶基本操作。

一、目的要求

(1) 掌握配位滴定法测定锌盐的方法。

(2) 熟悉重结晶的基本操作。

(3) 了解葡萄糖酸锌的制备方法和制备原理。

二、实验原理

锌是人体必需的微量元素之一，是人体六大酶类、200 多种金属酶的组成成分或辅酶，其在人体生长发育、生殖遗传和免疫等生理过程中起着极其重要的作用。人体缺锌会引起味觉差、嗅觉差和厌食等情况，导致人体营养不良、发育迟缓和智力发育低下等现象，从而引发多种疾病。

葡萄糖酸锌作为常用的补锌药，具有见效快、吸收率高和副作用小等优点，主要用于治疗儿童及妊娠妇女由于缺锌引起的各种病症，也可以作为儿童食品、糖果和乳制品添加剂。葡萄糖酸锌为白色颗粒状粉末，易溶于沸水，不溶于无水乙醇、氯仿和乙醚。葡萄糖酸锌常用的制备方法有发酵法、空气催化氧化法和葡萄糖酸钙间接合成法等。本实验采用葡萄糖酸钙与等物质的量的硫酸锌直接反应制备，反应方程式如下：

$$Ca(C_6H_{11}O_7)_2 + ZnSO_4 \longrightarrow Zn(C_6H_{11}O_7)_2 + CaSO_4 \downarrow$$

反应完成后，过滤除去 $CaSO_4$，溶液经浓缩、结晶可得到精制的葡萄糖酸锌晶体。本实验采用 EDTA 配位滴定法对锌含量进行测定。采用乙二胺四乙酸(EDTA)标准溶液，铬黑 T 为指示剂，对葡萄糖酸锌溶液进行滴定，溶液由酒红色转为蓝色即为滴定终点，平行测定三次。样品中锌的含量计算如下：

$$\omega(Zn) = \frac{c_{EDTA} \cdot V_{EDTA} \times 65.39}{m \times 1000 \times \frac{25.00}{100.0}} \times 100\%$$

式中：c_{EDTA}为 EDTA 的物质的量浓度，单位为 mol·L^{-1}；V_{EDTA}为 EDTA 的体积，单位为 mL；m 为制备的葡萄糖酸锌的质量，单位为 g。

三、仪器与试剂

1. 仪器 分析天平、恒温水浴锅、布氏漏斗(60 mm)、抽滤瓶(500 mL)、蒸发皿(100 mL)、烧杯(250 mL)、量筒(25 mL)、容量瓶(100 mL，250 mL)、移液管(25 mL)、酸式滴定管(50 mL)、锥形瓶(250 mL)3 个、量筒(100 mL)等。

2. 试剂 硫酸锌 $ZnSO_4 \cdot 7H_2O$(AR)、葡萄糖酸钙(AR)、95%乙醇溶液、EDTA-2Na(AR)、铬黑 T 指示剂、NH_3-NH_4Cl 缓冲溶液等。

四、实验步骤

1. 葡萄糖酸锌的制备

(1) 葡萄糖酸锌粗品制备：用分析天平称取 10.1 g $ZnSO_4 \cdot 7H_2O$ 置于 250 mL 烧杯中，加入 60 mL 去离子水置于加热板上加热至 80～90 ℃，使其完全溶解。缓慢加入葡萄糖酸钙 15.0 g，用玻棒不断搅拌至完全溶解，然后将烧杯放在 90 ℃恒温水浴锅上静置 20 min。趁热采用减压过滤方式进行抽滤，滤液转移至蒸发皿中，弃去滤渣 $CaSO_4$。将滤液加热浓缩至黏稠状，冷却至室温，再加入 15 mL 95%乙醇溶液降低葡萄糖酸锌的溶解度，并不断搅拌，即有大量的胶状葡萄糖酸锌析出。充分搅拌后，用倾泻法去除乙醇溶液。在胶状沉淀上，再加入 15 mL 95%乙醇溶液，充分搅拌后，待沉淀慢慢转化成晶体颗粒，减压过滤，即得葡萄糖酸锌粗品，母液回收。

(2) 重结晶：在获得的粗品中加入 15 mL 水，放入 90 ℃恒温水浴锅中加热至溶解，趁热抽滤，滤液冷却至室温，加 15 mL 95%乙醇溶液，充分搅拌，结晶析出后，减压抽滤，即得精品，精品在 50 ℃下烘干。称取葡萄糖酸锌的质量，计算其产率。

2. 样品中锌含量的测定

(1) EDTA 标准溶液的配制：用分析天平准确称取 EDTA-2Na 9.2～9.4 g(精确至±0.0001 g)，置于 100 mL 烧杯中，加入 50 mL 去离子水，振摇促使溶解完全，转移至 250 mL 容量瓶中，加入去离子水稀释并定容。计算 EDTA 标准溶液的准确浓度。

(2) 葡萄糖酸锌待测溶液的配制：准确称取 4.6～5.0 g 葡萄糖酸锌，溶于 40 mL 蒸馏水中，微热，冷却后转移到 100 mL 容量瓶中加水定容。

(3) 锌含量的测定：用移液管准确移取 25.00 mL 葡萄糖酸锌溶液于 250 mL 锥形瓶中，加入 10 mL NH_3-NH_4Cl 缓冲溶液，加入少量铬黑 T 指示剂，用 EDTA 标准溶液滴定至溶液由酒红色转变为纯蓝色，即为终点，平行测定三次，计算 Zn 含量。

五、实验数据记录与处理

1. 样品葡萄糖酸锌的制备 实验数据填入表 2-25-1 中。

表 2-25-1　样品葡萄糖酸锌的制备产率

计算内容	结果
理论产品质量/g	
粗产品质量/g	
粗产品产率/(%)	
精产品质量/g	
精产品产率/(%)	

2. 样品葡萄糖酸锌中锌含量的测定　实验数据填入表 2-25-2 中。

表 2-25-2　样品葡萄糖酸锌中锌含量的测定

计算内容	1	2	3
$m[Zn(C_6H_{11}O_7)_2]$/g			
$V(EDTA)_{初读数}$/mL			
$V(EDTA)_{终读数}$/mL			
$\Delta V(EDTA)$/mL			
$\omega(Zn)$/(%)			
$\omega_{平均}(Zn)$/(%)			
相对平均偏差			

六、注意事项

(1) 合成葡萄糖酸锌时需在 90 ℃恒温水浴中进行。

(2) 当加入乙醇溶液时，玻棒不断搅拌，直至葡萄糖酸锌粉末出现。

(3) 配制 EDTA 标准溶液时，应准确操作，避免实验误差过大。

七、思考题

(1) 可否用 $ZnCl_2$ 或 $ZnCO_3$ 为原料，与葡萄糖酸钙反应制备葡萄糖酸锌？

(2) 葡萄糖酸锌含量测定结果如不符合规定，可能由哪些原因引起？

(3) 在沉淀与结晶葡萄糖酸锌时，都加入了 95%乙醇溶液，分别有什么作用？

（焦　雪）

NOTE

实验二十六　分光光度法测定$[Ti(H_2O)_6]^{3+}$的分裂能

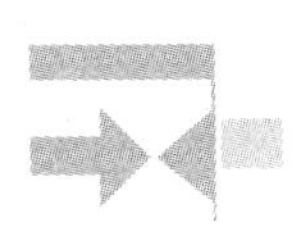

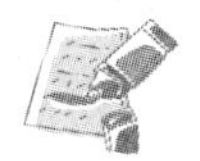

实验预习内容

分光光度计的使用，配合物的分裂能。

扫码看 PPT

一、目的要求

(1) 掌握分光光度法测定配合物的分裂能的原理和方法。

(2) 熟悉分光光度计的使用方法。

(3) 了解配合物的吸收光谱。

二、实验原理

配合物中的中心原子在配体所形成的晶体场作用下，d 轨道会发生能级分裂。对于八面体配合物，中心原子五个能量相等的 d 轨道分裂成能量较高的 d_γ(或 e_g)和能量较低的 d_ε(或 t_{2g})两组轨道。这两组轨道之间的能量差即为分裂能，用 E_S 表示。

过渡金属离子一般具有未充满的 d 轨道。由于在晶体场作用下发生了能级分裂，因而电子就有可能从较低能量的 d_ε轨道向较高能量的 d_γ轨道跃迁，这种跃迁称为 d-d 跃迁。发生 d-d 跃迁所需要的能量就是 d 轨道的分裂能。不同配合物发生 d-d 跃迁可吸收不同波长的光，这就是分光光度法测定分裂能的基础。

八面体配离子 $[Ti(H_2O)_6]^{3+}$ 的中心原子 Ti^{3+} 只有 1 个 d 电子，基态时这个电子位于能量较低的 d_ε轨道，当吸收一定波长的光线后发生 d-d 跃迁，跃入能量较高的 d_γ轨道。d-d 跃迁所吸收的能量，即为 $[Ti(H_2O)_6]^{3+}$ 的分裂能。

$$E = h\upsilon = \frac{hc}{\lambda} = hc\delta = E(d_\gamma) - E(d_\varepsilon) = E_S$$

式中：h 为普朗克常量，$h = 6.626 \times 10^{-34}$ J·s；c 为光速，$c = 2.998 \times 10^8$ m·s^{-1}；λ 为波长；δ 为波数。

当 1 mol 电子发生 d-d 跃迁时：

$$hc = 6.626 \times 10^{-34}\ \text{J·s} \times 2.998 \times 10^8\ \text{m·s}^{-1} \times 6.022 \times 10^{23}\ \text{mol}^{-1}$$
$$= 1.1962 \times 10^{-1}\ \text{J·m·mol}^{-1} = 1.1962 \times 10^{-2}\ \text{kJ·cm·mol}^{-1}$$

NOTE

因 1.1962×10^{-2} kJ·mol^{-1}相当于 1 cm^{-1}，则得 $hc=1$。

配合物在最大吸收波长 λ_{max}处吸收的能量即为分裂能。当波长的单位为 nm，波数单位为 cm^{-1}时，分裂能为：

$$E_S = hc\delta = \frac{hc}{\lambda_{max}} = \frac{1}{\lambda} \times 10^7 (cm^{-1})$$

因此，分裂能也常以 cm^{-1}为单位。

本实验采用一定浓度的 $[Ti(H_2O)_6]^{3+}$ 溶液，用分光光度计测定不同波长 λ 时的吸光度 A，再绘制 A-λ 曲线，即得 $[Ti(H_2O)_6]^{3+}$ 的吸收光谱曲线。找出曲线最大吸收峰对应的波长 λ_{max}，按上式即可求算 $[Ti(H_2O)_6]^{3+}$ 的分裂能。

三、仪器与试剂

1. 仪器 分光光度计，吸量管(5 mL)，容量瓶(25 mL)3 个，洗耳球，擦镜纸等。

2. 试剂 $TiCl_3$溶液(150～200 g·L^{-1})，HCl 溶液(2 mol·L^{-1})等。

四、实验步骤

(1) 计算 150～200 g·L^{-1} $TiCl_3$溶液的浓度(本实验按 170 g·L^{-1}计算)。

(2) 用吸量管吸取 5 mL、3 mL、2 mL 上述溶液，置于 25 mL 容量瓶中，用 2 mol·L^{-1} HCl 溶液稀释至刻度，即得 $[Ti(H_2O)_6]^{3+}$ 测量液。计算 $[Ti(H_2O)_6]^{3+}$ 测量液的浓度。

(3) 用分光光度计测出上述 $[Ti(H_2O)_6]^{3+}$ 溶液在不同波长时的吸光度(以 2 mol·L^{-1} HCl 溶液为空白液)。

(4) 绘制 A-λ 曲线。以 λ 为横坐标、A 为纵坐标作图，在吸收曲线上找出 $[Ti(H_2O)_6]^{3+}$ 最大吸收峰所对应的波长 λ_{max}。

五、实验数据记录与处理

(1) 170 g·L^{-1} $TiCl_3$溶液的浓度 c=________。

(2) $[Ti(H_2O)_6]^{3+}$ 测量液的浓度 c=________，________，________。

(3) 不同波长下，三种不同浓度的 $[Ti(H_2O)_6]^{3+}$ 溶液的吸光度 A(表2-26-1)。

表 2-26-1 三种不同浓度的 $[Ti(H_2O)_6]^{3+}$ 溶液的吸光度 A

吸光度	λ/nm										
	460	470	480	490	500	510	520	530	540	550	560
A_1											
A_2											
A_3											

(4) 根据 A-λ 曲线找出配离子最大吸收峰所对应的波长 λ_{max}=________。

(5) 由公式计算 $E_S = hc\delta = \frac{hc}{\lambda_{max}} = \frac{1}{\lambda} \times 10^7 =$ ________ cm^{-1}。

六、注意事项

(1) 参比溶液可以用 2 $mol \cdot L^{-1}$ 的 HCl 溶液，也可以用蒸馏水，原则上应该用 HCl 溶液。但在本次实验中用蒸馏水对实验结果没有影响，用 HCl 溶液则会严重腐蚀设备。

(2) 注意擦净比色皿外壁上的溶液和污迹。

七、思考题

(1) 不同浓度的 $TiCl_3$ 稀溶液所得的吸收曲线有何异同点？在同一波长下，吸光度与溶液的浓度有什么关系？

(2) 配位个体的晶体场分裂能的单位通常是什么？

(3) 在测定配位个体的吸收曲线时，所配制溶液的浓度是否要非常准确？为什么？

(张 倩)

NOTE

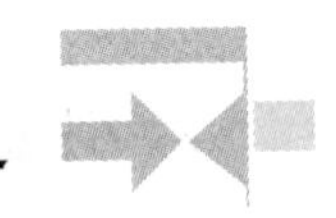

实验二十七　硫酸铝钾晶体的制备

扫码看 PPT

实验预习内容

硫酸铝钾的性质及制备，溶解、结晶和抽滤操作。

一、目的要求

(1) 掌握溶解、结晶和抽滤等基本操作。

(2) 熟悉从水溶液中培养晶体的方法。

(3) 了解用铝制备硫酸铝钾的原理及操作。

二、实验原理

十二水合硫酸铝钾俗名明矾，是明矾石的提炼品。明矾性寒、味酸涩，具有较强的收敛作用，中医学认为明矾具有解毒杀虫、燥湿止痒、止血止泻、清热消痰的功效。明矾还具有抗菌等作用，中医还用来治疗高脂血症、十二指肠溃疡、肺结核咯血等疾病。此外，明矾还是传统的食品改良剂和膨松剂，常用作油条、粉丝、米粉等食品生产的添加剂。明矾作为传统的净水剂，一直被人们广泛使用。研究发现，由于明矾含有铝离子，过量摄入会影响人体对铁、钙等成分的吸收，导致骨质疏松、贫血，甚至影响神经细胞的发育。因此，营养专家提出，要尽量少吃含有明矾的食品。本实验通过制备硫酸铝钾，练习硫酸铝钾晶体的培养技能。晶体有一定的几何外形和固定的熔点，晶体的生成过程一般是先生成晶核，然后晶核逐渐增大。通常晶体的生长有三个阶段：溶液达到过饱和阶段、生成晶核阶段和晶体生长阶段。晶体的生长过程受外界条件影响较大，如气流、温度和杂质等。制备过程的有关反应式如下：

$$2Al + 2NaOH + 6H_2O \longrightarrow 2NaAl(OH)_4 + 3H_2\uparrow$$

金属铝中其他杂质不溶于 NaOH 溶液，生成可溶性的四羟基铝酸钠。用 H_2SO_4 调节此溶液的 pH 值为 8～9，即有 $Al(OH)_3$ 沉淀产生，分离后在沉淀中加入 H_2SO_4 使 $Al(OH)_3$ 溶解，反应式如下：

$$3H_2SO_4 + 2Al(OH)_3 \longrightarrow Al_2(SO_4)_3 + 6H_2O$$

在 $Al_2(SO_4)_3$ 中加入等物质的量的 K_2SO_4，即可得到硫酸铝钾，反应式如下：

$$Al_2(SO_4)_3 + K_2SO_4 + 24H_2O \longrightarrow 2KAl(SO_4)_2 \cdot 12H_2O$$

硫酸钾和硫酸铝钾在水中的溶解度如表 2-27-1 所示。

表 2-27-1 硫酸钾和硫酸铝钾在不同温度水中的溶解度

温度/℃	0	10	20	30	40	50	60	70	80	90	100
硫酸钾/g	7.40	9.30	11.1	13.0	14.8	16.56	18.2	19.75	21.4	22.9	24.1
硫酸铝钾/g	3.0	4.0	5.9	8.4	11.7	17.0	24.8	40.0	71.0	109.0	154.0

可见硫酸铝钾的溶解度受温度影响较大，在一定温度下，可以通过硫酸铝钾饱和溶液的溶剂不断挥发，得到晶形较好的硫酸铝钾晶体。

三、仪器与试剂

1. 仪器 台式天平，水浴锅，抽滤瓶(500 mL)，布氏漏斗(60 mm)，烧杯(100 mL)，烧杯(200 mL)3 个，量筒(100 mL)等。

2. 试剂 铝片，K_2SO_4(AR，固体)，H_2SO_4(浓)，H_2SO_4溶液(3 mol·L^{-1})，NaOH(AR，固体)等。

四、实验步骤

1. $Al(OH)_3$的制备 称取 4.5 g NaOH 固体，置于 200 mL 烧杯中，加入 60 mL 蒸馏水完全溶解。称取 2.0 g 剪好的铝片，分批加入上述 NaOH 溶液，至反应不再有气泡产生。然后用量筒量取 80 mL 蒸馏水缓缓加入烧杯中，趁热过滤。将滤液转入另一个 200 mL 烧杯中，加热至沸腾，在不断搅拌下，滴加 3 mol·L^{-1} H_2SO_4溶液，使溶液 pH 值为 8～9。继续搅拌，水浴加热数分钟后，抽滤得到沉淀。沉淀再用适量沸腾蒸馏水洗涤，直至溶液 pH≈7，抽滤得到 $Al(OH)_3$沉淀。

2. $Al_2(SO_4)_3$的制备 将制得的 $Al(OH)_3$沉淀转入 100 mL 烧杯中，在不断搅拌下缓慢加入事先配制好的 20 mL 1∶1 H_2SO_4溶液，水浴加热使沉淀溶解，得到 $Al_2(SO_4)_3$溶液。

3. 硫酸铝钾固体的制备 将制得的 $Al_2(SO_4)_3$溶液与事先用 6.5 g K_2SO_4配制好的饱和溶液混合，搅拌均匀，将溶液冷却至室温后，得到硫酸铝钾结晶；减压抽滤，抽滤时不用蒸馏水冲洗结晶；干燥，称量，计算产率。

4. 硫酸铝钾晶体的制备

(1) 将制得的适量硫酸铝钾固体倒入 200 mL 烧杯中，加适量蒸馏水并加热至沸腾。

(2) 将溶液冷却至室温后，若溶液析出晶体，则过滤晶体，收集好滤液。

(3) 如果溶液没有饱和则需加入适量 $KAl(SO_4)_2 \cdot 12H_2O$ 固体再加热，直至把溶液配成室温下的饱和溶液。

(4) 将溶液置于不易振动、干燥、通风和没有灰尘的地方。

(5) 用滤纸盖住烧杯口，让其自然挥发，注意观察是否有硫酸铝钾晶体析出。

五、实验数据记录与处理

硫酸铝钾晶体的实验产量__________；理论产量__________；产率__________。

六、注意事项

（1）硫酸铝钾溶液的配制要接近饱和溶液，这样溶液挥发易得到完好晶体。

（2）在晶体形成的过程中，不能被振动，否则易影响晶体生长，造成晶形不规则。

七、思考题

（1）为什么制备硫酸铝钾用 H_2SO_4 酸化调节？

（2）为什么要控制硫酸铝钾溶液的饱和度？其饱和度对晶体生长有何影响？

（李文戈）

实验二十八　硫酸铜的提纯及检验

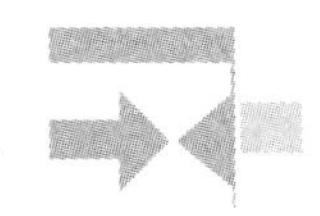

实验预习内容

Fe^{2+}、Fe^{3+}的化学性质，加热、溶解、过滤、蒸发及结晶操作。

扫码看 PPT

一、目的要求

(1) 掌握加热、溶解、过滤、蒸发及结晶等基本操作。

(2) 熟悉天平和 pH 试纸的使用。

(3) 了解粗硫酸铜提纯及其纯度检验的原理和方法。

二、实验原理

粗硫酸铜中含有不溶性杂质和可溶性杂质 $FeSO_4$、$Fe_2(SO_4)_3$及其他重金属盐等。不溶性杂质可通过常压、减压过滤的方法除去。可溶性杂质 Fe^{2+}、Fe^{3+}的除去方法：用氧化剂 H_2O_2将 Fe^{2+}氧化成 Fe^{3+}，然后调节溶液的 pH 值在 3.5～4.0 之间，使 Fe^{3+}水解成为 $Fe(OH)_3$沉淀而除去，反应式如下：

$$2Fe^{2+} + H_2O_2 + 2H^+ \longrightarrow 2Fe^{3+} + 2H_2O$$

$$Fe^{3+} + 3H_2O \longrightarrow Fe(OH)_3 \downarrow + 3H^+$$

溶液的 pH 值要控制在 3.5～4.0 之间，因为 Cu^{2+}在 pH 值大于 4.1 时，能产生 $Cu(OH)_2$沉淀。而 Fe^{3+}则不同，根据溶度积规则进行计算，其完全沉淀时的 pH 值大于 3.3，因此控制溶液的 pH 值在 3.5～4.0 之间，便可使 Fe^{3+}完全沉淀而 Cu^{2+}不沉淀从而达到分离的目的，pH 值相对越高，Fe^{3+}被沉淀得就越完全。其他可溶性杂质因含量少，可以通过重结晶的方法除去。

硫酸铜的纯度检验是将适量提纯过的样品溶于蒸馏水中，加入过量的氨水使 Cu^{2+}生成深蓝色的$[Cu(NH_3)_4]^{2+}$，Fe^{3+}则形成 $Fe(OH)_3$沉淀。$Fe(OH)_3$沉淀过滤并洗涤后用 HCl 溶液溶解 $Fe(OH)_3$，然后加 KSCN 溶液，Fe^{3+}愈多，血红色愈深，以此来检验硫酸铜产品的纯度。有关反应式如下：

$$Fe^{3+} + 3NH_3 \cdot H_2O \longrightarrow Fe(OH)_3 \downarrow + 3NH_4^+$$

$$2Cu^{2+} + SO_4^{2-} + 2NH_3 \cdot H_2O \longrightarrow 2Cu_2(OH)_2SO_4 \downarrow + 2NH_4^+$$

$$Cu_2(OH)_2SO_4 + 2NH_4^+ + 6NH_3 \cdot H_2O \longrightarrow 2[Cu(NH_3)_4]^{2+} + SO_4^{2-} + 8H_2O$$

$$Fe(OH)_3 + 3H^+ \longrightarrow Fe^{3+} + 3H_2O$$

$$Fe^{3+} + nSCN^- \longrightarrow [Fe(SCN)_n]^{3-n}, (n=1\sim6)$$

三、仪器与试剂

1. 仪器 台式天平，研钵，漏斗，漏斗架，布氏漏斗(60 mm)，抽滤瓶(500 mL)，玻棒，烧杯(100 mL)2个，烧杯(50 mL)2个，蒸发皿(100 mm)，量筒(25 mL)，比色管(10 mL)2支，循环水真空泵，滤纸，pH试纸等。

2. 试剂 H_2SO_4溶液(1 mol·L^{-1})，HCl溶液(2 mol·L^{-1})，H_2O_2溶液(3%)，NaOH溶液(2 mol·L^{-1})，KSCN溶液(1 mol·L^{-1})，氨水(1 mol·L^{-1}，6 mol·L^{-1})等。

四、实验步骤

1. 粗硫酸铜的提纯 用台式天平称取8.0 g粗硫酸铜置于100 mL洁净的烧杯中，加入25 mL蒸馏水，水浴加热并不断用玻棒搅拌至其完全溶解即停止加热。

向溶液中滴加1～2 mL 3% H_2O_2溶液，水浴加热使其充分反应并分解过量的H_2O_2，同时在不断搅拌下逐滴加入0.5～1.0 mol·L^{-1} NaOH溶液(新鲜配制)，调节溶液的pH值在3.5～4.0之间。继续加热片刻停止加热，静置使水解生成的$Fe(OH)_3$沉降。常压过滤，滤液转移至洁净的蒸发皿中。

用1 mol·L^{-1} H_2SO_4溶液调节滤液的pH值在1～2之间，然后加热、蒸发和浓缩至溶液表面出现一层晶膜时，即停止加热；将浓缩液冷却至室温，待溶液充分析出硫酸铜晶体后，减压抽滤；取出晶体，自然干燥，称量，计算产率。

2. 硫酸铜纯度的检验 称取0.5 g上述提纯过的硫酸铜晶体，置于50 mL烧杯中，用10 mL蒸馏水溶解，加入1 mL 1 mol·L^{-1} H_2SO_4溶液酸化，再加入2 mL 3% H_2O_2溶液，充分搅拌后，煮沸片刻，使溶液中Fe^{2+}全部氧化成Fe^{3+}。待溶液冷却后，逐滴加入6 mol·L^{-1}氨水，并不断搅拌直至生成的蓝色沉淀溶解为深蓝色溶液为止。

常压过滤，并用1 mol·L^{-1}氨水洗涤沉淀及滤纸，直至沉淀及滤纸上的蓝色洗去为止。弃去滤液，用3 mL 2 mol·L^{-1} HCl溶液溶解滤纸上的氢氧化铁。如果沉淀溶解不了，可将滤液加热后再滴在滤纸的沉淀上，直至沉淀完全溶解为止。在滤液中滴入2滴1 mol·L^{-1} KSCN溶液，转移至比色管中并用蒸馏水稀释至刻度，观察溶液的颜色，根据溶液颜色的深浅通过比色法得知Fe^{3+}含量，检验产品的纯度(或采用分光光度法检验产品纯度)。

五、实验数据记录与处理

硫酸铜晶体的实验产量__________；理论产量__________；产率__________。

六、注意事项

（1）在粗硫酸铜的提纯中，浓缩液要自然冷却至室温析出晶体，否则其他盐类如 Na_2SO_4 也会析出。

（2）蒸发浓缩时注意控制母液的量：母液过多，硫酸铜损失多，产率低；母液过少，杂质析出，纯度低。

七、思考题

（1）粗硫酸铜中 Fe^{2+} 杂质为什么要被氧化成 Fe^{3+} 除去？采用 H_2O_2 作氧化剂与其他氧化剂相比有什么优点？

（2）为什么除去 Fe^{3+} 后的滤液要用 1 mol·L^{-1} H_2SO_4 溶液进行酸化，调节溶液 pH 值约为 2 后再进行蒸发浓缩实验？

（3）检验硫酸铜纯度时为什么用氨水洗涤 $Fe(OH)_3$，且洗到蓝色没有为止？

（李文戈）

NOTE

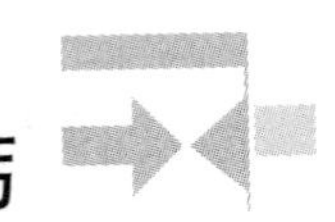

实验二十九　直接沉淀法制备纳米碳酸钙

实验预习内容

扫码看 PPT

纳米碳酸钙的性质和用途，表面活性剂的性质和用途。

一、目的要求

（1）掌握直接沉淀法制备纳米碳酸钙的原理。

（2）熟悉制备纳米碳酸钙的操作。

（3）了解纳米碳酸钙改性及效果分析。

二、实验原理

纳米碳酸钙（$CaCO_3$）是一种重要的无机化工产品。因其原料易得，价格合理，加工性能好，纳米碳酸钙成了复合材料工业中用量大的填充剂，被广泛用于各种复合材料制品中。纳米碳酸钙应用最成熟的行业是塑料工业，它用作塑料填料可改善塑料母料的流变性和成型性。纳米碳酸钙还具有增韧补强的作用，可提高塑料的弯曲强度、热变形温度和稳定性等。纳米碳酸钙应用于油墨产品，能增强油墨产品的分散性、透明性和光泽性等。$CaCO_3$ 具有亲水疏油的表面特性，可采用多功能表面活性剂和复合型助剂，对其粉体表面进行改性活化处理，经改性活性处理后的纳米碳酸钙粉体表面能形成一种特殊的包层结构，能显著改善其在有机体物质中的分散性和亲和性。

通常晶体颗粒的大小是由晶核的生成速度和晶核的生长速度的相对大小决定的，要使晶体颗粒细小就必须使晶核的生成速度大于其晶核的生长速度。

在普通的直接沉淀法中，采用直接往 Ca^{2+} 溶液中滴加 CO_3^{2-} 的方式进行反应，瞬间溶液局部 CO_3^{2-} 的浓度极大，当 Ca^{2+} 与 CO_3^{2-} 相遇时，沉淀形成非常迅速，$CaCO_3$ 晶核迅速长大，致使最终颗粒的粒径较大和不均匀。

由于 EDTA 是一种常用的配位剂，它的分子中有两个氨基氮和 4 个羧基氧，能与金属离子形成配位键。当 EDTA 加入 $CaCl_2$ 溶液中，Ca^{2+} 迅速与 EDTA 络合形成 Ca^{2+}-EDTA 配合物。Ca^{2+}-EDTA 遇到 CO_3^{2-} 后，再生成 $CaCO_3$ 沉淀。反应式如下：

NOTE

$$Ca^{2+} + EDTA \longrightarrow Ca^{2+}\text{-}EDTA$$

$$Ca^{2+}\text{-}EDTA + CO_3^{2-} \longrightarrow CaCO_3 + EDTA$$

由于 Ca^{2+}-EDTA 配合物有一定的稳定性，在生成 $CaCO_3$ 沉淀的过程中，相当于控制了 Ca^{2+} 的释放速度，控制了晶核的生长速度，使生成的晶核缓慢长大。

加入硬脂酸的作用机制：①硬脂酸对 Ca^{2+} 也有一定的配位能力，反应式如下：

$$Ca^{2+} + xRCOONa \longrightarrow [Ca(RCOONa)_x]^{2+}$$

②随着 $CaCO_3$ 纳米颗粒不断生成，由于纳米颗粒对硬脂酸有较强的吸附作用，以此降低其表面能。另外，$CaCO_3$ 颗粒表面存在大量—OH，硬脂酸的羧酸根和 $CaCO_3$ 纳米颗粒表面也存在化学吸附的可能性，反应式如下：

$$RCOOH + \cdot\text{—}OH \longrightarrow RCOO\text{—}\cdot$$

基于这两个结合机制，硬脂酸会吸附在 $CaCO_3$ 纳米颗粒的表面，即化学反应实现包覆。包覆后的 $CaCO_3$ 纳米颗粒失去活性，增强了硬脂酸在 $CaCO_3$ 纳米颗粒之间的空间位阻效应，硬脂酸的表面包覆可有效阻止 $CaCO_3$ 纳米颗粒的进一步长大和团聚。EDTA 和硬脂酸可以共同控制 Ca^{2+} 的释放速度。

三、仪器与试剂

1. 仪器 电子天平，烧杯（100 mL）4 个，水浴锅，磁力搅拌器，三颈烧瓶（250 mL），温度计（100 ℃），量筒（50 mL），玻璃滴管，抽滤瓶（500 mL），布氏漏斗（60 mm），超声波振荡仪，傅里叶变换红外光谱仪 Thermo Nicolet is50，X 射线衍射仪 DX-2700 等。

2. 试剂 无水氯化钙（AR，固体），无水碳酸钠（AR，固体），EDTA（AR，固体），硬脂酸（AR，固体），氢氧化钠（AR，固体）等。

四、实验步骤

1. EDTA 对碳酸钙沉淀粒径生长的影响

（1）称取 5.55 g 无水氯化钙置于 250 mL 三颈烧瓶中，用 25 mL 去离子水溶解备用，再称取 5.03 g 无水碳酸钠于一个 100 mL 烧杯中，并用 25 mL 去离子水溶解备用。

（2）量取 25 mL 去离子水于另一个 100 mL 烧杯中，加入干净的磁子并置于磁力搅拌器上，逐勺加入 4.00 g 氢氧化钠，然后再逐勺加入 7.31 g EDTA，充分反应 10 min。

（3）将溶有氯化钙的三颈烧瓶置于磁力搅拌器中，并水浴加热至 60 ℃，用玻璃滴管滴加事先制备好的 EDTA-氢氧化钠溶液，控制滴速在 2～3 滴/秒。

（4）滴加完成后，继续在 60 ℃水浴环境下搅拌反应 20 min，然后用玻璃滴管滴加事先配制好的碳酸钠溶液，滴加到三颈烧瓶中，控制滴速在 2～3 滴/秒，观察现象，滴加完毕后继续反应 20 min.

（5）将制得的碳酸钙减压抽滤，烘干，得到碳酸钙 a。

2. EDTA和硬脂酸作为复合剂对碳酸钙沉淀粒径生长的影响

(1) 称取5.55 g无水氯化钙置于250 mL三颈烧瓶中，用25 mL去离子水溶解备用，再称取5.03 g无水碳酸钠于一个100 mL烧杯中，并用25 mL去离子水溶解备用。

(2) 量取25 mL去离子水于另一个100 mL烧杯中，加入干净的磁子并置于磁力搅拌器上，逐勺加入2.00 g氢氧化钠溶解，再逐勺加入3.65 g EDTA，充分反应10 min。

(3) 将溶有氯化钙的三颈烧瓶置于磁力搅拌器中，并水浴加热至60 ℃，用玻璃滴管滴加事先制备好的EDTA-氢氧化钠溶液，控制滴速在2～3滴/秒。

(4) 滴加完成后，继续在60 ℃水浴环境下搅拌反应20 min，再用玻璃滴管吸取事先制备好的碳酸钠溶液，滴加到三颈烧瓶中，控制滴速在2～3滴/秒，观察现象，滴加完毕后继续反应20 min.

(5) 量取50 mL去离子水于100 mL烧杯中，水浴加热到80 ℃，在玻棒不断搅拌下，少量多次加入0.02 g氢氧化钠和0.17 g硬脂酸，直至完全溶解。

(6) 用玻璃滴管吸取上述制备好的硬脂酸钠溶液，滴加到碳酸钙溶液中，控制滴速在2～3滴/秒，滴加完毕后继续在80 ℃水浴温度下搅拌，反应30 min。

(7) 将上述制得的碳酸钙减压抽滤，烘干，得到碳酸钙b。

五、实验数据记录与处理

1. X射线衍射图表征 分别绘制产物a和b的X射线衍射图(XRD)，验证$CaCO_3$的特征峰与标准卡片(No. 05-0586)是否吻合，并比较其XRD图的区别________________。

2. 红外光谱图表征 分别绘制产物a和b的红外光谱图，分析产物a和b的红外光谱图，并比较其红外光谱图的区别____________________。

3. 纳米$CaCO_3$的改性实验 分别把产物a和产物b放在超声波振荡仪中超声分散30 min，并观察其与水中漂浮的$CaCO_3$白色粉末的区别____________________。

六、注意事项

(1) 在滴加EDTA-氢氧化钠溶液和碳酸钠溶液时，滴速须控制在2～3滴/秒，否则影响碳酸钙纳米颗粒的大小和均匀性。

(2) X射线衍射仪的操作注意事项。

(3) 傅里叶变换红外光谱仪的操作注意事项。

七、思考题

(1) 实验中滴加EDTA-氢氧化钠溶液和碳酸钠溶液时，为什么要控制滴速？

(2) 纳米材料常用的表征方法有哪些？

(李文戈)

附 录

附录 A　常见弱电解质在水中的解离常数(298 K)

名称	分子式	分步	K_a或K_b	pK_a或pK_b
亚砷酸	H_3AsO_3		6.02×10^{-10}	9.22
砷酸	H_3AsO_4	1	5.50×10^{-3}	2.26
		2	1.74×10^{-7}	6.76
		3	5.13×10^{-12}	11.29
硼酸	H_3BO_3		5.75×10^{-10}	9.24
次溴酸	HBrO		2.00×10^{-9}	8.70
碳酸	H_2CO_3	1	4.17×10^{-7}	6.38
		2	4.79×10^{-11}	10.32
次氯酸	HClO		3.72×10^{-8}	7.43
亚氯酸	$HClO_2$		1.00×10^{-2}	2.0
氢氰酸	HCN		3.98×10^{-10}	9.40
氢氟酸	HF		5.62×10^{-4}	3.25
过氧化氢	H_2O_2		2.40×10^{-12}	11.62
氢硫酸	H_2S	1	8.91×10^{-8}	7.05
		2	1.20×10^{-13}	12.92
碘酸	HIO_3		1.58×10^{-1}	0.8
次碘酸	HIO		3.02×10^{-11}	10.52
磷酸	H_3PO_4	1	7.08×10^{-3}	2.15
		2	6.16×10^{-8}	7.21
		3	4.36×10^{-13}	12.36
亚磷酸	H_3PO_3	1	1.00×10^{-2}	2.0
		2	2.63×10^{-7}	6.58
次磷酸	H_3PO_2		1.00×10^{-2}	2.0
亚硝酸	HNO_2		4.57×10^{-4}	3.34
硅酸	H_2SiO_3	1	1.26×10^{-10}	9.9
		2	1.26×10^{-12}	11.9
硫酸	H_2SO_4		1.20×10^{-2}	1.92

续表

名称	分子式	分步	K_a或K_b	pK_a或pK_b
亚硫酸	H_2SO_3	1	1.20×10^{-2}	1.92
		2	6.16×10^{-8}	7.21
乙二胺四乙酸	EDTA	1	1.00×10^{-2}	2.0
		2	2.13×10^{-3}	2.67
		3	6.91×10^{-7}	6.16
		4	5.49×10^{-11}	10.26
醋酸	HAc		1.75×10^{-5}	4.75
草酸	$H_2C_2O_4$	1	5.89×10^{-2}	1.23
		2	6.40×10^{-5}	3.81
水合铝(Ⅲ)离子	$[Al(H_2O)_6]^{3+}$		1.26×10^{-5}	4.9
水合铬(Ⅲ)离子	$[Cr(H_2O)_6]^{3+}$		1.26×10^{-4}	3.9
水合铁(Ⅲ)离子	$[Fe(H_2O)_6]^{3+}$		6.02×10^{-3}	2.22
水合铅(Ⅱ)离子	$[Pb(H_2O)_6]^{2+}$		1.58×10^{-8}	7.8
水合锌(Ⅱ)离子	$[Zn(H_2O)_6]^{2+}$		1.10×10^{-9}	8.96
氨水	$NH_3\cdot H_2O$		1.78×10^{-5}	4.75

NOTE

附录 B　难溶化合物的溶度积(298 K)

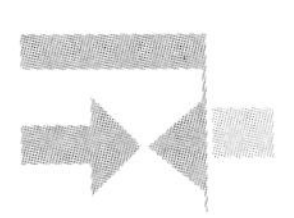

化合物	K_{sp}	化合物	K_{sp}
$AlAsO_4$	1.6×10^{-16}	$Pb_3(PO_4)_2$	8.0×10^{-43}
$Al(OH)_3$	1.3×10^{-33}	$PbSO_4$	2.53×10^{-8}
$AlPO_4$	9.84×10^{-21}	PbS	8.0×10^{-28}
Al_2Se_3	4×10^{-25}	$Pb(SCN)_2$	2.0×10^{-5}
As_2S_3	2.1×10^{-22}	PbS_2O_3	4.0×10^{-7}
$Ba_3(AsO_4)_2$	8.0×10^{-51}	$Pb(OH)_2$	1.43×10^{-20}
$Ba_3(BO_3)_2$	2.43×10^{-4}	Li_2CO_3	8.15×10^{-4}
$BaCO_3$	2.58×10^{-9}	LiF	1.84×10^{-3}
$BaCrO_4$	1.17×10^{-10}	Li_3PO_4	2.37×10^{-11}
$Ba_2[Fe(CN)_6]\cdot6H_2O$	3.2×10^{-8}	$MgNH_4PO_4$	2.5×10^{-13}
BaF_2	1.84×10^{-7}	$MgCO_3$	6.82×10^{-6}
$BaHPO_4$	3.2×10^{-7}	$MgCO_3\cdot3H_2O$	2.38×10^{-6}
$Ba(OH)_2\cdot8H_2O$	2.55×10^{-4}	MgF_2	5.16×10^{-11}
$Ba(IO_3)_2\cdot H_2O$	4.01×10^{-9}	$Mg(OH)_2$	5.61×10^{-12}
$BaMoO_4$	3.54×10^{-8}	$Mg(IO_3)_2\cdot4H_2O$	3.2×10^{-3}
$Ba(NO_3)_2$	4.64×10^{-3}	$MgC_2O_4\cdot2H_2O$	4.83×10^{-6}
BaC_2O_4	1.6×10^{-7}	$Mg_3(PO_4)_2$	1.04×10^{-24}
$BaC_2O_4\cdot H_2O$	2.3×10^{-8}	$MgSO_3$	3.2×10^{-3}
$Ba(MnO_4)_2$	2.5×10^{-10}	$MnCO_3$	2.34×10^{-11}
$Ba_3(PO_4)_2$	3.4×10^{-23}	$Mn_2[Fe(CN)_6]$	8.0×10^{-13}
$Ba_2P_2O_7$	3.2×10^{-11}	$Mn(IO_3)_2$	4.37×10^{-7}
$BaSeO_4$	3.40×10^{-8}	$Mn(OH)_2$	1.9×10^{-13}
$BaSO_4$	1.08×10^{-10}	$MnC_2O_4\cdot2H_2O$	1.70×10^{-7}
$BaSO_3$	5.0×10^{-10}	MnS(无定形)	2.5×10^{-10}
BaS_2O_3	1.6×10^{-5}	MnS(晶体)	2.5×10^{-13}
$BeCO_3\cdot4H_2O$	1×10^{-3}	Hg_2Br_2	6.40×10^{-23}
$Be(OH)_2$	6.92×10^{-22}	Hg_2CO_3	3.6×10^{-17}
$BeMoO_4$	3.2×10^{-2}	Hg_2Cl_2	1.43×10^{-18}
$BiAsO_4$	4.43×10^{-10}	$Hg_2(CN)_2$	5×10^{-40}

续表

化合物	K_{sp}	化合物	K_{sp}
$Bi(OH)_3$	6.0×10^{-31}	Hg_2CrO_4	2.0×10^{-9}
BiI_3	7.71×10^{-19}	$(Hg_2)_3[Fe(CN)_6]_2$	8.5×10^{-21}
$BiOBr$	3.0×10^{-7}	Hg_2F_2	3.10×10^{-6}
$BiOCl$	1.8×10^{-31}	Hg_2HPO_4	4.0×10^{-13}
$BiO(OH)$	4×10^{-10}	$Hg_2(OH)_2$	2.0×10^{-24}
$BiO(NO_3)$	2.82×10^{-3}	$Hg_2(IO_3)_2$	2.0×10^{-14}
$BiO(NO_2)$	4.9×10^{-7}	Hg_2I_2	5.2×10^{-29}
$BiO(SCN)$	1.6×10^{-7}	$Hg_2C_2O_4$	1.75×10^{-13}
$BiPO_4$	1.3×10^{-23}	Hg_2SO_4	6.5×10^{-7}
Bi_2S_3	1×10^{-97}	Hg_2SO_3	1.0×10^{-27}
$Cd_3(AsO_4)_2$	2.2×10^{-33}	Hg_2S	1.0×10^{-47}
$CdCO_3$	1.0×10^{-12}	$Hg_2(SCN)_2$	3.2×10^{-20}
$Cd(CN)_2$	1.0×10^{-8}	$HgBr_2$	6.2×10^{-20}
$Cd_2[Fe(CN)_6]$	3.2×10^{-17}	$Hg(OH)_2$	3.2×10^{-26}
CdF_2	6.44×10^{-3}	$Hg(IO_3)_2$	3.2×10^{-13}
$Cd(OH)_2$	7.2×10^{-15}	HgI_2	2.9×10^{-29}
$Cd(IO_3)_2$	2.5×10^{-8}	HgS(红)	4×10^{-53}
$CdC_2O_4\cdot3H_2O$	1.42×10^{-8}	HgS(黑)	1.6×10^{-52}
$Cd_3(PO_4)_2$	2.53×10^{-33}	$Ni_3(AsO_4)_2$	3.1×10^{-26}
CdS	8.0×10^{-27}	$NiCO_3$	1.42×10^{-7}
$Ca(OAc)_2\cdot3H_2O$	4×10^{-3}	$Ni_2[Fe(CN)_6]$	1.3×10^{-15}
$Ca_3(AsO_4)_2$	6.8×10^{-19}	$Ni(OH)_2$(新制)	5.48×10^{-16}
$CaCO_3$	2.8×10^{-9}	$Ni(IO_3)_2$	4.71×10^{-5}
$CaCO_3$(方解石)	3.36×10^{-9}	NiC_2O_4	4×10^{-10}
$CaCO_3$(文石)	6.0×10^{-9}	$Ni_3(PO_4)_2$	4.74×10^{-32}
$CaCrO_4$	7.1×10^{-4}	$Ni_2P_2O_7$	1.7×10^{-13}
CaF_2	5.3×10^{-9}	α-NiS	3.2×10^{-19}
$CaHPO_4$	1.0×10^{-7}	β-NiS	1.0×10^{-24}
$Ca(IO_3)_2\cdot6H_2O$	7.10×10^{-7}	γ-NiS	2.0×10^{-26}
$CaMoO_4$	1.46×10^{-8}	$Pd(OH)_2$	1.0×10^{-31}
$CaC_2O_4\cdot H_2O$	2.32×10^{-9}	$Pd(OH)_4$	6.3×10^{-71}
$Ca_3(PO_4)_2$	2.07×10^{-29}	$Pd(SCN)_2$	4.39×10^{-23}
$CaSiO_3$	2.5×10^{-8}	$PtBr_4$	3.2×10^{-41}
$CaSO_4$	4.93×10^{-5}	$Pt(OH)_2$	1×10^{-35}
$CaSO_4\cdot2H_2O$	3.14×10^{-5}	$K_2[PtBr_6]$	6.3×10^{-5}

续表

化合物	K_{sp}	化合物	K_{sp}
$CaSO_3$	6.8×10^{-8}	$K_2[PtCl_6]$	7.48×10^{-6}
$CaSO_3\cdot0.5H_2O$	3.1×10^{-7}	$K_2[PtF_6]$	2.9×10^{-5}
$Ca(OH)_2$	5.5×10^{-6}	KIO_4	3.74×10^{-4}
$Cr(OH)_2$	2×10^{-16}	$KClO_4$	1.05×10^{-2}
$CrAsO_4$	7.7×10^{-21}	$K_2Na[Co(NO_2)_6]\cdot2H_2O$	2.2×10^{-11}
CrF_3	6.6×10^{-11}	$Rh(OH)_3$	1×10^{-23}
$Cr(OH)_3$	6.3×10^{-31}	$Ru(OH)_3$	1×10^{-36}
$CrPO_4\cdot4H_2O$(绿)	2.4×10^{-23}	AgOAc(乙酸银)	1.94×10^{-3}
$CrPO_4\cdot4H_2O$(紫)	1.0×10^{-17}	Ag_3AsO_4	1.03×10^{-22}
$Co_3(AsO_4)_2$	6.8×10^{-29}	AgN_3	2.8×10^{-9}
$CoCO_3$	1.4×10^{-13}	AgBr	5.35×10^{-13}
$Co_2[Fe(CN)_6]$	1.8×10^{-15}	AgCl	1.77×10^{-10}
$CoHPO_4$	2×10^{-7}	Ag_2CO_3	8.46×10^{-12}
$Co(OH)_2$(新制)	5.92×10^{-15}	Ag_2CrO_4	1.12×10^{-12}
$Co(OH)_3$	1.6×10^{-44}	Ag_2CN_2	7.2×10^{-11}
$Co(IO_3)_2$	1.0×10^{-4}	AgCN	5.97×10^{-17}
$Co_3(PO_4)_2$	2.05×10^{-35}	$Ag_2Cr_2O_7$	2.0×10^{-7}
α-CoS	4.0×10^{-21}	$Ag_4[Fe(CN)_6]$	1.6×10^{-41}
β-CoS	2.0×10^{-25}	AgOH	2.0×10^{-8}
CuN_3	4.9×10^{-9}	$AgIO_3$	3.17×10^{-8}
CuBr	6.27×10^{-9}	AgI	8.52×10^{-17}
CuCl	1.72×10^{-7}	Ag_2MoO_4	2.8×10^{-12}
CuCN	3.47×10^{-20}	$AgNO_2$	6.0×10^{-4}
CuOH	1×10^{-14}	$Ag_2C_2O_4$	5.40×10^{-12}
CuI	1.27×10^{-12}	Ag_3PO_4	8.89×10^{-17}
Cu_2S	2.5×10^{-48}	Ag_2SO_4	1.20×10^{-5}
CuSCN	1.77×10^{-13}	Ag_2SO_3	1.50×10^{-14}
$Cu_3(AsO_4)_2$	7.95×10^{-36}	Ag_2S	6.3×10^{-50}
$Cu(N_3)_2$	6.3×10^{-10}	AgSCN	1.03×10^{-12}
$CuCO_3$	1.4×10^{-10}	$SrCO_3$	5.60×10^{-10}
$CuCrO_4$	3.6×10^{-6}	SrF_2	4.33×10^{-9}
$Cu_2[Fe(CN)_6]$	1.3×10^{-16}	$Sr_3(PO_4)_2$	4.0×10^{-28}
$Cu(OH)_2$	2.2×10^{-20}	$Tb(OH)_3$	2.0×10^{-22}
$Cu(IO_3)_2$	6.94×10^{-8}	$Tl_4[Fe(CN)_6]\cdot2H_2O$	5.0×10^{-10}
CuC_2O_4	4.43×10^{-10}	Tl_2S	5.0×10^{-21}

续表

化合物	K_{sp}	化合物	K_{sp}
$Cu_3(PO_4)_2$	1.40×10^{-37}	$Tl(OH)_3$	1.68×10^{-44}
$Cu_2P_2O_7$	8.3×10^{-16}	$Sn(OH)_2$	5.45×10^{-27}
CuS	6.3×10^{-36}	$Sn(OH)_4$	1×10^{-56}
$FeCO_3$	3.13×10^{-11}	SnS	1.0×10^{-25}
FeF_2	2.36×10^{-6}	$Ti(OH)_3$	1×10^{-40}
$Fe(OH)_2$	4.87×10^{-17}	$TiO(OH)_2$	1×10^{-29}
$FeC_2O_4\cdot2H_2O$	3.2×10^{-7}	$VO(OH)_2$	5.9×10^{-23}
FeS	6.3×10^{-18}	$Zn_3(AsO_4)_2$	2.8×10^{-28}
$FeAsO_4$	5.7×10^{-21}	$ZnCO_3$	1.46×10^{-10}
$Fe_4[Fe(CN)_6]_3$	3.3×10^{-41}	$Zn_2[Fe(CN)_6]$	4.0×10^{-15}
$Fe(OH)_3$	2.79×10^{-39}	ZnF_2	3.04×10^{-2}
$Fe(PO_4)_2\cdot2H_2O$	9.91×10^{-16}	$Zn(OH)_2$	3×10^{-17}
$La(OH)_3$	2.0×10^{-19}	$Zn(IO_3)_2\cdot2H_2O$	4.1×10^{-6}
$LaPO_4$	3.7×10^{-23}	$ZnC_2O_4\cdot2H_2O$	1.38×10^{-9}
$Pb(OAc)_2$	1.8×10^{-3}	$Zn_3(PO_4)_2$	9.0×10^{-33}
$PbBr_2$	6.60×10^{-6}	α-ZnS	1.6×10^{-24}
$PbCO_3$	7.4×10^{-14}	β-ZnS	2.5×10^{-22}
$PbCl_2$	1.70×10^{-5}	$ZrO(OH)_2$	6.3×10^{-49}
$PbCrO_4$	2.8×10^{-13}	$Zr_3(PO_4)_4$	1×10^{-132}
$Pb_2[Fe(CN)_6]$	3.5×10^{-15}	$AuCl$	2.0×10^{-13}
PbF_2	3.3×10^{-8}	AuI	1.6×10^{-23}
$PbHPO_4$	1.3×10^{-10}	$AuCl_3$	3.2×10^{-25}
$PbHPO_3$	5.8×10^{-7}	$Au(OH)_3$	5.5×10^{-46}
$Pb(OH)_2$	1.43×10^{-15}	AuI_3	1×10^{-46}
$Pb(IO_3)_2$	3.69×10^{-13}	$Au_2(C_2O_4)_3$	1×10^{-10}
PbI_2	9.8×10^{-9}	$Gd(OH)_3$	1.8×10^{-23}
PbC_2O_4	4.8×10^{-10}		

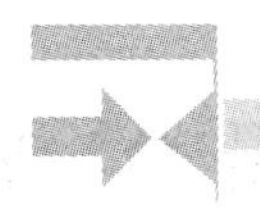

附录C　常见酸碱指示剂

指示剂	变色范围	酸色	碱色	配制方法	用量（滴/10 mL溶液）
百里酚蓝（第一次变色）	1.2～2.8	红	黄	0.1 g溶于100 mL 20%乙醇	1～2滴
甲基黄	2.9～4.0	红	黄	0.1 g溶于100 mL 90%乙醇	1滴
甲基橙	3.1～4.4	红	黄	0.05 g溶于100 mL水中	1滴
溴酚蓝	3.0～4.6	黄	紫	0.1 g溶于0.1 mol·L^{-1}NaOH	1滴
溴甲酚绿（溴甲酚蓝）	3.6～5.2	黄	蓝	0.1 g溶于0.1 mol·L^{-1}NaOH	1滴
甲基红	4.4～6.2	红	黄	0.1 g溶于100 mL 60%乙醇	1滴
溴百里酚蓝	6.2～7.6	黄	蓝	0.1 g溶于100 mL 20%乙醇	1滴
中性红	6.8～8.0	红	橙棕	0.1 g溶于100 mL 60%乙醇	1滴
酚红	6.7～8.4	黄	红	0.1 g溶于0.1 mol·L^{-1}NaOH	1滴
酚酞	8.0～10.0	无色	红	0.5 g溶于100 mL 90%乙醇	1～3滴
百里酚酞	9.4～10.6	无色	蓝	0.1 g溶于100 mL 90%乙醇	1～2滴
茜素黄(RS)	10.1～12.1	黄	红	0.1 g溶于100 mL水中	1滴
1,3,5-三硝基苯	12.2～14.0	无色	蓝	0.18 g溶于100 mL 90%乙醇	1～2滴

NOTE

附录 D　常见配离子的稳定常数(298 K)

配位体	金属离子	$\lg\beta_1$	$\lg\beta_2$	$\lg\beta_3$	$\lg\beta_4$	$\lg\beta_5$	$\lg\beta_6$
NH_3	Cd^{2+}	2.65	4.75	6.19	7.12	6.80	5.14
	Co^{2+}	2.11	3.74	4.79	5.55	5.73	5.11
	Co^{3+}	6.7	14.0	20.1	25.7	30.8	35.2
	Cu^{+}	5.93	10.86				
	Cu^{2+}	4.31	7.98	11.02	13.32	12.86	
	Fe^{2+}	1.4	2.2				
	Mn^{2+}	0.8	1.3				
	Hg^{2+}	8.8	17.5	18.5	19.28		
	Ni^{2+}	2.80	5.04	6.77	7.96	8.71	8.74
	Pt^{2+}						35.3
	Ag^{+}	3.24	7.05				
	Zn^{2+}	2.37	4.81	7.31	9.46		
Br^-	Bi^{3+}	4.30	5.55	5.89	7.82		9.70
	Cd^{2+}	1.75	2.34	3.32	3.70		
	Pb^{2+}	1.2	1.9		1.1		
	Hg^{2+}	9.05	17.32	19.74	21.00		
	Pt^{2+}				20.5		
	Rh^{3+}		14.3	16.3	17.6	18.4	17.2
	Ag^{+}	4.38	7.33	8.00	8.73		
Cl^-	Bi^{3+}	2.44	4.7	5.0	5.6		
	Cd^{2+}	1.95	2.50	2.60	2.80		
	Cu^{+}		5.5	5.7			
	Cu^{2+}	0.1	−0.6				
	Fe^{2+}	0.36					
	Fe^{3+}	1.48	2.13	1.99	0.01		
	Pb^{2+}	1.62	2.44	1.70	1.60		
	Hg^{2+}	6.74	13.22	14.07	15.07		
	Pt^{2+}		11.5	14.5	16.0		
	Ag^{+}	3.04	5.04		5.30		

NOTE

续表

配位体	金属离子	$\lg\beta_1$	$\lg\beta_2$	$\lg\beta_3$	$\lg\beta_4$	$\lg\beta_5$	$\lg\beta_6$
Cl^-	Sn^{2+}	1.51	2.24	2.03	1.48		
	Sn^{4+}						4
	Zn^{2+}	0.43	0.61	0.53	0.20		
CN^-	Cd^{2+}	5.48	10.60	15.23	18.78		
	Cu^+		24.0	28.59	30.30		
	Au^+		38.3				
	Fe^{2+}						35
	Fe^{3+}						42
	Hg^{2+}				41.4		
	Ni^{2+}				31.3		
	Ag^+		21.1	21.7	20.6		
	Zn^{2+}				16.7		
F^-	Al^{3+}	6.10	11.15	15.00	17.75	19.37	19.84
	Be^{2+}	5.1	8.8	12.6			
	Cr^{3+}	4.41	7.81	10.29			
	Fe^{3+}	5.28	9.30	12.06			
OH^-	Al^{3+}	9.27			33.03		
	Be^{2+}	9.7	14.0	15.2			
	Bi^{3+}	12.7	15.8		35.2		
	Cd^{2+}	4.17	8.33	9.02	8.62		
	Cr^{3+}	10.1	17.8		29.9		
	Cu^{2+}	7.0	13.68	17.00	18.5		
	Fe^{2+}	5.56	9.77	9.67	8.58		
	Fe^{3+}	11.87	21.17	29.67			
	Pb^{2+}	7.82	10.85	14.58			61.0
	Mn^{2+}	3.90		8.3			
	Ni^{2+}	4.97	8.55	11.33			
	Zn^{2+}	4.40	11.30	14.14	17.66		
	Zr^{2+}	14.3	28.3	41.9	55.3		
I^-	Bi^{3+}	3.63			14.95	16.80	18.80
	Cd^{2+}	2.10	3.43	4.49	5.41		
	Cu^+		8.85				
	Pb^{2+}	2.00	3.15	3.92	4.47		
	Hg^{2+}	12.87	23.82	27.60	29.83		
	Ag^+	6.58	11.74	13.68			

续表

配位体	金属离子	$\lg\beta_1$	$\lg\beta_2$	$\lg\beta_3$	$\lg\beta_4$	$\lg\beta_5$	$\lg\beta_6$
SCN^-	Bi^{3+}	1.15	2.26	3.41	4.23		
	Cd^{2+}	1.39	1.98	2.58	3.6		
	Cr^{3+}	1.87	2.98				
	Co^{2+}	−0.04	−0.70	0	3.00		
	Cu^+	12.11	5.18				
	Au^+		23		42		
	Fe^{3+}	2.95	3.36				
	Hg^{2+}		17.47		21.23		
	Ni^{2+}	1.18	1.64	1.81			
	Ag^+		7.57	9.08	10.08		
	Zn^{2+}	1.62					
$S_2O_3^{2-}$	Cd^{2+}	3.92	6.44				
	Cu^+	10.27	12.22	13.84			
	Fe^{3+}	2.10					
	Pb^{2+}		5.13	6.35			
	Hg^{2+}		29.44	31.90	33.24		
	Ag^+	8.82	13.46				
OAc^- 乙酸根	Cd^{2+}	1.5	2.3	2.4			
	Fe^{2+}	3.2	6.1	8.3			
	Pb^{2+}	2.52	4.0	6.4	8.5		
$P_2O_7^{4-}$	Ca^{2+}	4.6					
	Cu^+	6.7	9.0				
	Mn^{2+}	5.7					
	Ni^{2+}	5.8	7.4				
cit^{3-} 柠檬酸根	Al^{3+}	20.0					
	Cd^{2+}	11.3					
	Co^{2+}	12.5					
	Cu^{2+}	14.2					
	Fe^{2+}	15.5					
	Fe^{3+}	25.0					
	Ni^{2+}	14.3					
	Zn^{2+}	11.4					

续表

配位体	金属离子	$\lg\beta_1$	$\lg\beta_2$	$\lg\beta_3$	$\lg\beta_4$	$\lg\beta_5$	$\lg\beta_6$
dipy 2,2′-联吡啶	Ag^{+}	3.65	7.15				
	Cd^{2+}	4.26	7.81	10.47			
	Co^{2+}	5.73	11.57	17.59			
	Cr^{2+}	4.5	10.5	14.0			
	Cu^{+}		14.2				
	Cu^{2+}	8.0	13.60	17.08			
	Fe^{2+}	4.36	8.0	17.45			
	Hg^{2+}	9.64	16.74	19.54			
	Mn^{2+}	4.06	7.84	11.47			
	Ni^{2+}	6.80	13.26	18.46			
	Pb^{2+}	3.0					
	Ti^{3+}			25.28			
	Zn^{2+}	5.30	9.83	13.63			
en 乙二胺	Ag^{+}	4.70	7.70				
	Cd^{2+}	5.47	10.09	12.09			
	Co^{2+}	5.91	10.64	13.94			
	Co^{3+}	18.7	34.9	48.69			
	Cr^{2+}	5.15	9.19				
	Cu^{+}		10.8				
	Cu^{2+}	10.67	20.00	21.0			
	Fe^{2+}	4.34	7.65	9.70			
	Hg^{2+}	14.3	23.3				
	Mg^{2+}	0.37					
	Mn^{2+}	2.73	4.79	5.67			
	Ni^{2+}	7.52	13.84	18.33			
	Pb^{2+}		26.90				
	Zn^{2+}	5.77	10.83	14.11			
$EDTA^{4-}$	Ag^{+}	7.32					
	Al^{3+}	16.11					
	Ba^{2+}	7.78					
	Be^{2+}	9.3					
	Bi^{3+}	22.8					
	Ca^{2+}	11.0					
	Cd^{2+}	16.4					
	Co^{2+}	16.31					

NOTE

续表

配位体	金属离子	$\lg\beta_1$	$\lg\beta_2$	$\lg\beta_3$	$\lg\beta_4$	$\lg\beta_5$	$\lg\beta_6$
$EDTA^{4-}$	Co^{3+}	36					
	Cr^{2+}	13.6					
	Cr^{3+}	23					
	Cu^{2+}	18.7					
	Fe^{2+}	14.33					
	Fe^{3+}	24.23					
	Hg^{2+}	21.80					
	Li^{+}	2.79					
	Mg^{2+}	8.64					
	Mn^{2+}	13.8					
	Na^{+}	1.66					
	Ni^{2+}	18.56					
	Pb^{2+}	18.3					
	Sn^{2+}	22.1					
	Ti^{3+}	21.3					
	Tl^{3+}	22.5					
	Zn^{2+}	16.4					
$C_2O_4^{2-}$ 草酸根	Co^{2+}	4.79	6.7	9.7			
	Co^{3+}			$\leqslant$20			
	Cu^{2+}	6.16	8.5				
	Fe^{2+}	2.9	4.52	5.22			
	Fe^{3+}	9.4	16.2	20.2			
	Hg^{2+}		6.98				
	Mg^{2+}	3.43	4.38				
	Mn^{2+}	3.97	5.80				
	Ni^{2+}	5.3	7.64	$\leqslant$8.5			
	Pb^{2+}		6.54				
	Zn^{2+}	4.89	7.60	8.15			
	Zr^{2+}	9.80	17.14	20.86	21.15		
邻二氮菲	Ag^{+}	5.02	12.07				
	Ca^{2+}	0.7					
	Cd^{2+}	5.93	10.53	14.31			
	Co^{2+}	7.25	13.95	19.90			
	Cu^{2+}	9.08	15.76	20.94			
	Fe^{2+}	5.85	11.45	21.3			

续表

配位体	金属离子	$\lg\beta_1$	$\lg\beta_2$	$\lg\beta_3$	$\lg\beta_4$	$\lg\beta_5$	$\lg\beta_6$
邻二氮菲	Fe^{3+}	6.5	11.4	23.5			
	Hg^{2+}		19.65	23.35			
	Mg^{2+}	1.2					
	Mn^{2+}	3.88	7.04	10.11			
	Ni^{2+}	8.80	17.10	24.80			
	Pb^{2+}	4.65	7.5	9			
	Zn^{2+}	6.55	12.35	17.55			

NOTE

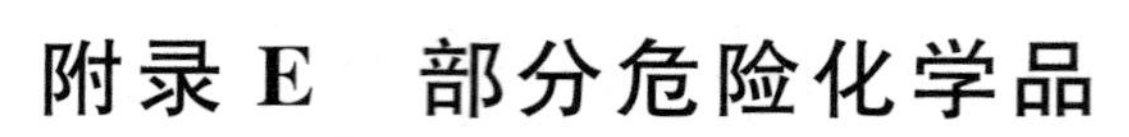

附录 E　部分危险化学品

<table>
<tr><th colspan="2">类　别</th><th>举　例</th><th>性　质</th><th>管　理</th></tr>
<tr><td colspan="2" rowspan="4">爆炸品</td><td>硝酸铵、硝酸钠、硝酸钾等部分硝酸盐</td><td rowspan="4">遇高温、摩擦、撞击等，引起剧烈反应，放出大量气体和热量，产生猛烈爆炸</td><td rowspan="4">存放于阴凉处，轻拿轻放</td></tr>
<tr><td>氯酸铵、氯酸钠和氯酸钾</td></tr>
<tr><td>高氯酸铵、高氯酸锂、高氯酸钾、高氯酸钠</td></tr>
<tr><td>重铬酸铵、重铬酸钠、重铬酸钾、重铬酸锂</td></tr>
<tr><td rowspan="4">易燃品</td><td>易燃气体</td><td>氢气</td><td>因撞击、受热引起燃烧，与空气按一定比例混合易引起爆炸</td><td>使用时注意通风，如为钢瓶气，不得在实验室存放</td></tr>
<tr><td>易燃固体</td><td>红(赤)磷、黄磷、硫</td><td>燃点低，受热、摩擦、撞击或遇氧化剂，可引起剧烈连续燃烧爆炸</td><td>存放于阴凉处，远离热源，使用时注意通风，不得有明火</td></tr>
<tr><td>自燃品</td><td>黄磷</td><td>在适当温度下被空气氧化放热，达到燃点而引起自燃</td><td>保存于水中</td></tr>
<tr><td>遇水易燃品</td><td>钠、钾</td><td>遇水剧烈反应，产生可燃气体并放出热量，产生的热量会引起燃烧</td><td>保存于煤油中，切勿与水接触</td></tr>
<tr><td colspan="2">毒性危险气体</td><td>氟、溴化氢、磷化氢、砷化氢、一氧化氮、二氧化氮、三氧化二氮、二氧化硫、氯、三氟化硼、亚硝酰氯、碳酰氯(光气)、氰、氰化氢、硫化氢、氟化氢、氨气等</td><td>极少量就能使人迅速中毒甚至致死，其中许多气体对皮肤和呼吸道有强刺激性</td><td>密闭隔离保存，且注意通风，使用时要做好防护</td></tr>
</table>

续表

类　别	举　例	性　质	管　理
毒性危险液体	溴、三氯化硼、三溴化硼、氢氟酸、氟硼酸	长期接触可能引起慢性中毒，部分物质的蒸气对眼睛和呼吸道有强刺激性	密闭隔离保存，且注意通风，使用时要做好防护
腐蚀性液体或固体	浓硫酸、浓硝酸、浓盐酸、氢氧化钠、氢氧化钾	具有很强酸性或碱性，能灼伤人体组织并对金属等物质造成损伤	密闭隔离、低温存放，使用时要做好防护
高毒性固体	氰化钾、氰化钠、氰化镉、氰化银镉、三氧化二砷、五氧化二砷、氯化汞、氟乙酸钠、硫酸铊、四乙基铅、五氯化锑、硒酸钠、氧化汞等	极少量就能使人迅速中毒甚至致死	密闭，由专人保管

NOTE

参考文献

[1] 魏祖期,刘德育.基础化学[M].8版.北京:人民卫生出版社,2013.

[2] 韩晓霞,杨文远,倪刚.无机化学实验[M].天津:天津大学出版社,2017.

[3] 胡庆红.医用基础化学实验教程[M].西安:第四军医大学出版社,2015.

[4] 南京大学《无机及分析化学实验》编写组.无机及分析化学实验[M].4版.北京:高等教育出版社,2006.

[5] 展海军.无机及分析化学实验[M].北京:化学工业出版社,2012.

[6] 钟国清.无机及分析化学实验[M].2版.北京:科学出版社,2018.

[7] 贾佩云.无机及分析化学实验[M].北京:化学工业出版社,2013.

[8] 孟长功,辛剑.基础化学实验[M].2版.北京:高等教育出版社,2009.

[9] 韦正友.医药化学实验[M].北京:科学出版社,2016.

[10] 张天蓝,姜凤超.无机化学[M].7版.北京:人民卫生出版社,2016.

[11] 张倩,孙红.无机化学实验[M].北京:化学工业出版社,2016.

[12] 宋天佑,程鹏,徐家宁,等.无机化学[M].3版.北京:高等教育出版社,2015.

[13] 丙酸钙的制备试验报告.http://www.docin.com/p-1618308306.html.

[14] 大连理工大学无机化学教研室.无机化学实验[M].2版.北京:高等教育出版社,2004.

[15] 南京大学《无机及分析化学实验》编写组.无机及分析化学实验[M].5版.北京:高等教育出版社,2015.

[16] 祁嘉义.基础化学实验[M].北京:高等教育出版社,2008.

[17] 崔黎丽.物理化学实验[M].2版.北京:人民卫生出版社,2007.

[18] 罗澄源,向明礼.物理化学实验[M].4版.北京:高等教育出版社,2007.

[19] 曾慧慧,刘俊义.现代实验化学(上册)[M].北京:北京大学医学出版社,2004.

[20] 闫乾顺,王金玲.医学化学实验教学指导[M].西安:第四军医大学出版社,2009.

[21] 刘毅敏.医学化学实验[M].北京:科学出版社,2017.

[22] 高绍康.大学化学实验[M].北京:化学工业出版社,2012.

[23] 程国娥.无机化学实验[M].武汉:中国地质大学出版社,2016.

[24] 杨立新.无机化学实验[M].湘潭:湘潭大学出版社,2011.

[25] 杨怀霞,刘幸平.无机化学实验[M].北京:中国医药科技出版社,2014.

[26] 牟文生.无机化学实验[M].3版.北京:高等教育出版社,2014.
[27] 铁步荣,闫静,吴巧凤.无机化学实验[M].北京:科学出版社,2002.
[28] 闫乾顺,姚惠琴,姚遥.医学化学实验指导[M].北京:人民卫生出版社,2018.
[29] 张雪,刘松艳,李政.无机化学实验[M].北京:科学出版社,2018.
[30] 张乐华.无机化学[M].北京:高等教育出版社,2018.
[31] 衷友泉,万屏南.中医药基础化学实验[M].北京:中国协和医科大学出版社,2017.

NOTE